航天科技图书出版基金资助出版

光子集成相控阵技术

董 涛 贺敬文 徐 月 著

中国宇航出版社

·北京·

图书在版编目（CIP）数据

光子集成相控阵技术 / 董涛，贺敬文，徐月著 . --
北京：中国宇航出版社，2022.4
ISBN 978 - 7 - 5159 - 2055 - 9

Ⅰ.①光… Ⅱ.①董… ②贺… ③徐… Ⅲ.①光学－
相控阵天线 Ⅳ.①TN821

中国版本图书馆 CIP 数据核字（2022）第 047670 号

责任编辑 王杰琼　　　封面设计 宇星文化

出 版
发 行　**中国宇航出版社**

社 址 北京市阜成路 8 号 邮 编 100830
　　　 (010)68768548
网 址 www.caphbook.com
经 销 新华书店
发行部 (010)68767386　　(010)68371900
　　　 (010)68767382　　(010)88100613（传真）
零售店 读者服务部　　(010)68371105
承 印 天津画中画印刷有限公司

版 次 2022 年 4 月第 1 版
　　　 2022 年 4 月第 1 次印刷
规 格 787×1092
开 本 1/16
印 张 9.5　彩 插 8 面
字 数 231 千字
书 号 ISBN 978 - 7 - 5159 - 2055 - 9
定 价 68.00 元

本书如有印装质量问题，可与发行部联系调换

航天科技图书出版基金简介

航天科技图书出版基金是由中国航天科技集团公司于 2007 年设立的，旨在鼓励航天科技人员著书立说，不断积累和传承航天科技知识，为航天事业提供知识储备和技术支持，繁荣航天科技图书出版工作，促进航天事业又好又快地发展。基金资助项目由航天科技图书出版基金评审委员会审定，由中国宇航出版社出版。

申请出版基金资助的项目包括航天基础理论著作，航天工程技术著作，航天科技工具书，航天型号管理经验与管理思想集萃，世界航天各学科前沿技术发展译著以及有代表性的科研生产、经营管理译著，向社会公众普及航天知识、宣传航天文化的优秀读物等。出版基金每年评审 1~2 次，资助 20~30 项。

欢迎广大作者积极申请航天科技图书出版基金。可以登录中国航天科技国际交流中心网站，点击"通知公告"专栏查询详情并下载基金申请表；也可以通过电话、信函索取申报指南和基金申请表。

网址：http：//www.ccastic.spacechina.com

电话：(010) 68767205，68768904

序

　　光相控阵是微波相控阵在光学波段的发展，与采用机械伺服和光学镜头的捕获、跟踪、指向方式相比，光相控阵技术具有波束扫描速度快、可捷变、体积小、重量轻、无惯性等优势。随着我国低轨互联网星座建设的加快，星间光通信组网的需求也越来越迫切，光相控阵技术将成为星间激光通信组网的重要手段，也将为未来无线光通信网络带来颠覆性变革。

　　近年来，研究人员提出了多种光相控阵的实现方式，包括液晶、微机电系统和光子集成等方案。光子集成相控阵是其中一种重要的技术手段，它采用与互补金属氧化物半导体（CMOS）工艺兼容的硅基光电子加工工艺，将功率分配网络、移相器以及光天线阵列集成到同一片晶圆上，通过电控调节光天线单元的相位，实现波束的扫描和赋形。光子集成相控阵可实现更高的波束扫描速度和更宽的波束扫描范围。

　　本书内容涵盖了光子集成相控阵技术的国内外研究进展和作者近年来在该领域的最新研究成果，深入分析了光子集成相控阵的核心器件设计、光天线阵列优化、远场测试等问题，并给出了设计实例和相关的演示验证结果。本书可为从事该领域研究的同行和研究生提供参考，可促进光子集成相控阵技术的发展。

首都师范大学　教授

美国光学学会会士（OSA Fellow）

2021 年 12 月

前　言

空间光通信具有可用带宽大、通信速率高、保密性强等显著优势，是星间高速通信与组网的重要手段。目前的星载激光通信终端的捕获、跟踪、指向（ATP）采用机械伺服和光学镜头的方式，这种方式面临扫描速度慢、波束无法捷变、不能同时实现多波束、体积大、质量大等难题。

光子集成相控阵是采用光子集成技术实现的工作在光频段的相控阵芯片，通过改变光天线阵列中阵元的相位，实现波束的定向辐射和扫描。光子集成相控阵通过相位控制实现波束扫描，相对于机械伺服 ATP 方式，具有扫描速度快、波束可捷变、体积小、质量小等优点，是未来空间激光通信和光网络快速建链的核心器件。

本书针对空间光通信和光网络快速建链的需求，深入浅出地介绍了光子集成相控阵的概念、工作原理和国内外研究进展，接着针对光天线阵列、光子集成相控阵的设计和测试等关键技术进行详细分析，最后通过不同规模的硅基光相控阵芯片研发案例详细说明光子集成相控阵的设计、实现与测试，并进行基于硅基光相控阵样片的短距离空间光通信验证。

本书共分为 5 章，各章主要内容安排如下。

第 1 章绪论，介绍光相控阵的概念及分类，对比分析了光相控阵与微波相控阵的关系，并全面介绍了光子集成相控阵的核心器件组成，给出主要参数，分析其应用领域，调研分析了光子集成相控阵技术的国内外研究进展。

第 2 章光天线单元和阵列设计，主要介绍了硅基光栅型纳米天线、等离子体激元纳米天线、硅基喇叭形纳米天线的设计方法，针对不同单元形成的均匀光天线阵列的辐射特性进行分析。

第 3 章光子集成相控阵低副瓣设计，介绍了等间距天线阵列和非等间距天线阵列实现低副瓣的设计方法，并对具体的设计案例进行分析。

第 4 章光子集成相控阵测试，详细介绍了光子集成相控阵中关键器件的测试原理、测试方法，并详细阐述了光子集成相控阵远场方向图的测试系统设计方案和测试方法，给出了硅基光天线单元、硅基移相器、硅基光相控阵的测试案例。

第 5 章光子集成相控阵设计实例，分别介绍了光子集成相控阵样片的设计与测试案例，并展示了基于光子集成相控阵样片的短距离空间光通信演示验证实验结果。

本书的出版得到了北京卫星信息工程研究所各级领导的大力支持，得到了航天科技图书出版基金的资助。北京理工大学徐晓文教授和首都师范大学张岩教授在本书的撰写过程中提出了宝贵的建议，天地一体化信息技术国家重点实验室殷杰博士、苏昱玮博士、刘志慧博士、张婷婷博士分别对不同章节提出了宝贵意见，何新宇、邵麟杰两位研究生对图表整理给予了帮助，在此一并表示感谢。

本书所涉及的引用和参考内容，尽可能标注了来源和出处，但难免有所遗漏，在此对未能注明的引用表示歉意。

由于著者水平有限，书中难免存在不足之处，恳请读者批评指正。

作 者

2021 年 12 月

目　录

第1章 绪 论

光相控阵（optical phased array，OPA）利用相位控制实现波束扫描，相对于机械伺服和光学镜头的捕获、跟踪、指向方式，无须采用机械伺服，具有扫描速度快、波束可捷变、体积小、质量小等优点，是未来构建空间激光通信链路和光网络的核心器件。本章介绍了光相控阵的概念、原理、组成、表征参数，分析了光子集成相控阵的应用场景，并总结了光相控阵在国内外的发展现状。

1.1 光相控阵的概念和内涵

光相控阵是工作在光频段的光天线阵列，通过调节和控制光天线阵元的相对相位，使光天线阵元辐射的光实现定向辐射，实现高速波束扫描。

光相控阵的原理和微波相控阵的原理类似，都是通过控制天线的相位，实现波束的扫描。微波相控阵的出现，曾引发了雷达和通信技术的巨大变革。与之类似，光相控阵必将为空间光通信和光网络领域带来颠覆性变革，主要体现在以下几个方面。

1）光相控阵使用全电控的空间光束扫描技术，无任何运动机械伺服结构，与传统的机械伺服扫描系统相比具有速度快、精度高、无惯性等特点。

2）光相控阵采用信号处理技术，可以形成多波束，实现多目标同时通信或者探测，而传统的光学系统只能靠增加光学镜头实现对多目标的同时通信或者探测。

3）光相控阵波束可捷变，机械扫描系统的光束只能按照一定的规律进行连续扫描，比如光束要从 A 点扫描到 C 点，必然要经过 B 点，而光相控阵的波束可以直接从 A 点扫描到 C 点，无须经过 B 点。

4）光相控阵可实现空间功率合成，在所需激光功率超过单个器件功率容限时，空间功率合成是继续提高激光能量的重要手段。

到目前为止，研究人员提出了多种不同的光相控阵实现方案，常见的有电光材料[1,2]、液晶（liquid crystal，LC）[3]、微电子机械系统（micro‐electromechanical system，MEMS）[4]、光子集成电路（photonic integrated circuit，PIC）等。基于电光材料的光相控阵是利用材料的电光效应实现光的相位改变及波束扫描，常用的电光材料有铌酸锂晶体和电光陶瓷等，电光材料移相所需的电压高，还会带来较大的插入损耗。基于液晶的光相控阵是利用液晶分子排列模式随外加电场变化而改变的特性，对入射光波的相位进行调控实现对出射波束指向控制[5]，但其光束扫描速度和扫描范围受限，通常液晶分子的响应时间大约在毫秒量级。基于微电子机械系统的光相控阵是通过微机械扫描镜的振动实现波束扫描的，微电子机械系统具有扫描范围小、扫描速度慢、功耗大、稳定性差等缺点，一般的基于微电子机械系统的光相控阵仅能实现10°左右的波束扫描范围[6-9]。

光子集成相控阵是借助成熟的互补金属氧化物半导体（complementary metal oxide semiconductor，CMOS）工艺实现的光子集成电路，其表现形式为芯片。常见的有硅基光相控阵[10]、InP基光相控阵以及SiN基光相控阵。

硅材料具有机械性能好、加工方便、成本低、折射率大以及波导特性良好等优势，以硅为主导的微电子技术在过去的半个世纪中取得了举世瞩目的成就，大力推动了信息技术的发展。经过几十年的技术积累，硅基工艺已具有了强大的产业能力。硅基光电子工艺与互补金属氧化物半导体工艺兼容，具有深厚的工艺技术基础，绝缘体上硅（silicon on insulator，SOI）在光学上具有良好的导光性质。

1.2　光子集成相控阵的组成

光子集成相控阵原理图如图1-1所示，主要由光耦合器、光功率分配网络、光移相器、光天线阵列、控制电路等关键部分组成。外部激光由光纤通过光耦合器耦合到硅波导中，再由波导通过光功率分配网络传输到每个天线阵元中，在连接每个天线的波导上设计有一个光移相器，通过电路控制移相器实现对每路光相位的控制，最终实现波束扫描。图1-1中的光子集成相控阵芯片被粘贴在一块印制电路板（printed circuit board，PCB）上，通过金丝将每个移相器两端的电极与印制电路板上的电极相连，实现外部供电。下面将以硅基光相控阵为例对各核心部分分别进行介绍。

1.2.1　光耦合器

光耦合器的功能是将光纤中传输的光耦合到芯片上的硅波导中，常见的耦合方式有两种：端面耦合和垂直耦合。端面耦合方式如图1-2所示。在端面耦合中，光纤的纤芯必须与芯片上的波导以亚微米精度对准。在标准单模光纤中，光场被限制在 $10.4~\mu m$ 的模场直径中。在单模硅波导中，光被局限在横截面为 $450~nm \times 220~nm$ 的硅芯内。单模光纤模式和波导模式之间存在较大的失配，如果芯片上没有模式匹配结构，这种直接将光纤对准硅波导的耦合将导致大约30 dB的耦合损耗。因此，需在光子集成芯片中引入端面耦合器来降低这种损耗。端面耦合器是一种基于模式转

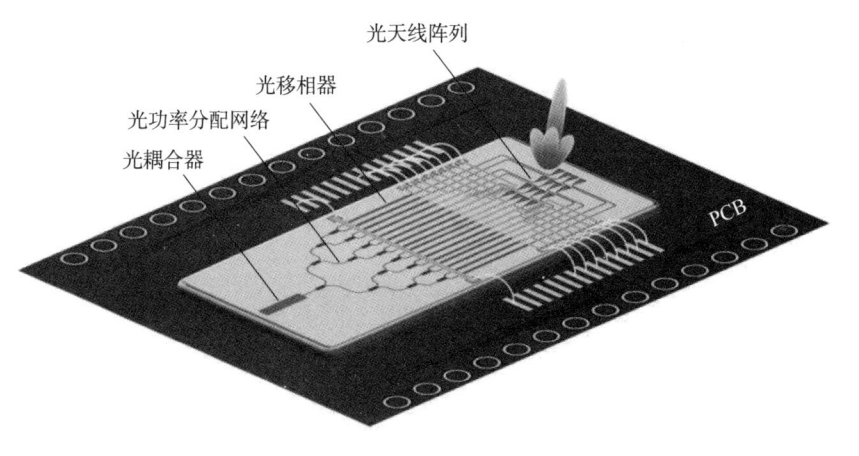

图 1-1 光相控阵原理图（见彩插）

换的倒锥结构，它增大了波导中光模场的尺寸，可以与小芯径的光纤良好匹配。为了确保尽可能多的光耦合到波导中，有必要对芯片进行精确切割，并将芯片表面抛光。端面耦合器具有宽带和低偏振损耗的特点，是一种理想的高性能耦合器件。为了提高耦合效率，通常利用透镜型或锥形光纤将光局限到一个较小的模式尺寸中。然而，透镜型或锥形光纤的成本比一个典型的单模光纤的成本要高很多。

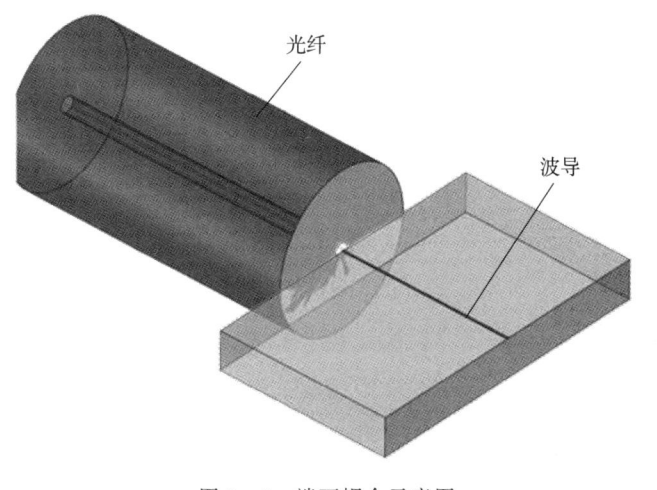

图 1-2 端面耦合示意图

垂直耦合方式如图 1-3 所示。在垂直耦合中，光栅耦合器是将平面外光纤中的光耦合到芯片中波导的常用结构。一般情况下，在硅基芯片上设计一个光栅，在平面内形成一个光栅耦合器，将外部光纤中的光馈入芯片上，之后由一个锥形结构将光引导并聚焦到单模波导中。光栅耦合器能够将大尺寸的光斑高效地耦合到波导中，但它对光的波长和偏振都非常敏感。为保证耦合效率，当改变耦合光的波长和偏振态时，光栅的周期应该随之改变。垂直耦合的方式通常会引入 2~4 dB 的损耗。

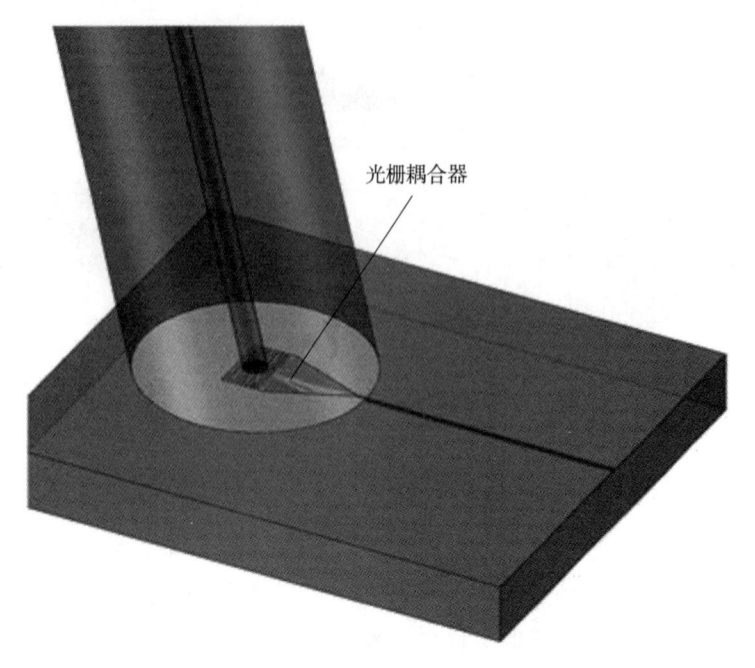

光栅耦合器

图 1-3　垂直耦合示意图

在实际应用中，为了保证器件的可靠性，通常将光纤与光相控阵芯片的耦合器进行封装。

1.2.2　光功率分配网络

光功率分配网络分为并联型和串联型两种。并联型光功率分配网络是一种单向扩展结构，如图 1-4 所示。在并联型光功率分配网络中，多模干涉（multimode interference，MMI）光功率分配器（以下简称"MMI 功分器"）是基于自镜像效应实现功率分配的重要器件。并联型光功率分配网络由级联的 1×2 MMI 功分器组成，用于将输入光分成两路输出光。光相控阵中通常采用对称结构的 MMI 功分器以保证输出光相位的一致性和幅度均匀性。然而，由于单向扩展性，并联型光功率分配网络不适合二维阵列扩展。

串联型光功率分配网络是一种平面扩展结构，由定向耦合器（directional coupler，DC）组成，如图 1-5 所示。定向耦合器通常由相邻两个亚波长间隔的波导组成，耦合是由波导横向上的模场引起，通过一定的作用长度（耦合区），光可从一个波导进入到另一个波导中。定向耦合器的分光比可以由耦合区的长度来调节。在光子集成相控阵芯片中，串联型光功率分配网络可以在两个正交方向上进行扩展，使整个光功率分配网络更加紧凑。定向耦合器具有传输损耗低、光功率分配比容易控制等优点，但对偏振敏感，加工参数容差小。

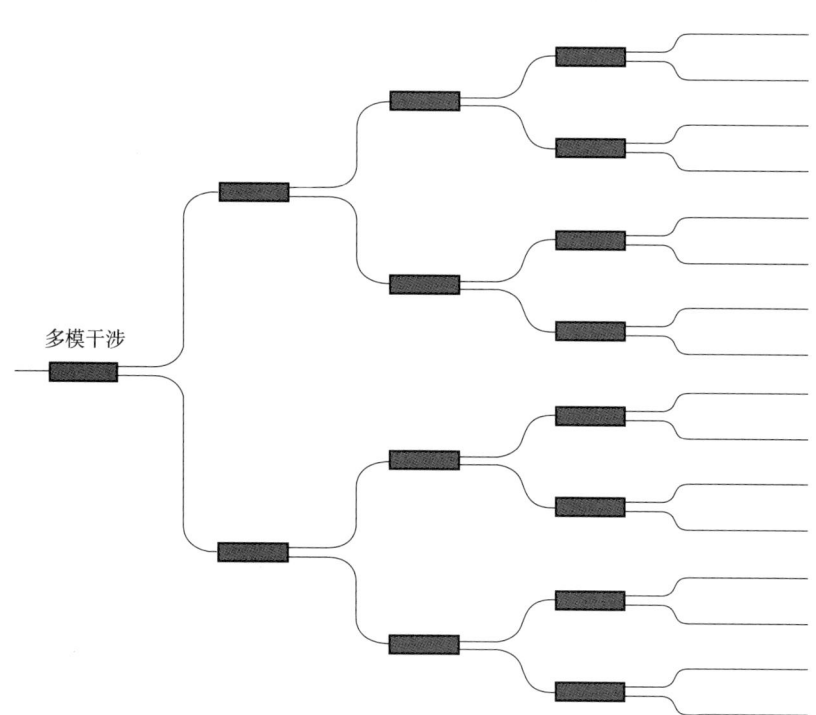

图 1-4　并联型光功率分配网络示意图

图 1-5　串联型光功率分配网络示意图

串联型光功率分配网络更适用于大规模的二维光子集成相控阵，但对加工工艺精度要求较高，这对芯片加工是一个巨大的挑战。因此，具有高鲁棒性的定向耦合器是未来研究的重要方向。

1.2.3　光移相器

硅基光移相器基于波导结构，通过改变波导的有效折射率来改变光的相位，实现相位调控功能，是光相控阵中控制波束指向和扫描的核心部分。假设硅基光移相器引起硅波导中折射率的变化量为 Δn，变化了的折射率导致通过波导的光的相位变化，变化的相位可表示为

$$\Delta \varphi = 2\pi L \Delta n / \lambda$$

式中　L ——移相器的长度，要得到 π 的相位变化，需要的长度为 $L_\pi = \lambda / 2\Delta n$。

1.2.3.1　硅基光移相器的类型

根据移相原理的不同，硅基光移相器可以分为基于载流子色散效应的电光移相器和基于热光效应的热光移相器两大类。下面分别对两种硅基光移相器进行具体介绍。

（1）电光移相器

载流子色散效应的原理是在外加电场的作用下，材料中自由载流子浓度会发生改变，则材料折射率的实部和虚部都会相应改变，从而实现对光场的调制。

硅基电光移相器是基于载流子色散效应工作的，硅折射率的实部和虚部会随着硅波导有源区中自由载流子浓度的变化而变化。材料折射率的实部指的是通常测到的折射率，折射率的虚部与材料的吸收系数有关，决定了材料的损耗。在 1 550 nm 波长处，硅折射率的变化量可以根据式（1－1）通过载流子浓度改变的多少来估算[11]。

$$\begin{cases} \Delta n = \Delta n_e + \Delta n_h = -[8.8 \times 10^{-22} \times \Delta N_e + 8.5 \times 10^{-18} \times (\Delta N_h)^{0.8}] \\ \Delta \alpha = \Delta \alpha_e + \Delta \alpha_h = 8.5 \times 10^{-18} \times \Delta N_e + 6.0 \times 10^{-18} \times \Delta N_h \end{cases} \quad (1－1)$$

式中　Δn，$\Delta \alpha$ ——硅的折射率和吸收系数的变化量；

Δn_e，Δn_h ——由自由电子和自由空穴所引起的硅折射率的变化量；

$\Delta \alpha_e$，$\Delta \alpha_h$ ——由自由电子和自由空穴所引起的硅吸收系数的变化量；

ΔN_e，ΔN_h ——自由电子浓度和自由空穴浓度的变化量。

根据载流子浓度的变化方式，基于载流子色散效应的电光移相器可分为载流子注入型（p－i－n 结型）和载流子耗尽型（p－n 结型）。

1）载流子注入型：p－i－n（p－type/intrinsic/n－type）型。在脊波导两边分别进行 p 型掺杂和 n 型掺杂。中间的波导区没有掺杂，称之为本征区。该结构加正向偏压，空穴和电子被注入没有掺杂的本征波导区，波导中自由载流子浓度增加，导致折射率

改变，进而实现对本征波导区传输的光相位的调制。这种结构的移相器属于载流子注入型，也被称为 p-i-n 型电光移相器，相应的结构示意图如图 1-6 所示。

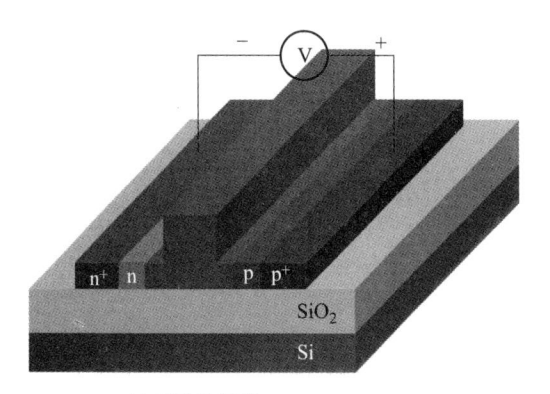

(a) 三维示意图

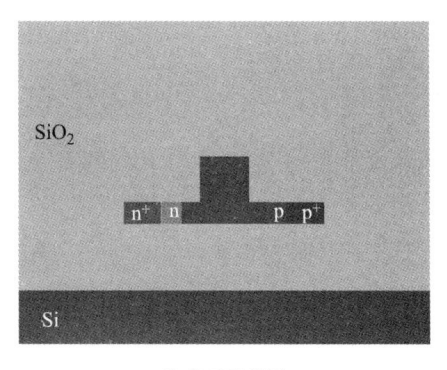

(b) 横截面示意图

图 1-6　正向偏压下载流子注入型（p-i-n型）的电光移相器的结构示意图

载流子注入型电光移相器中，n掺杂区和p掺杂区被一个位于波导中间没有任何掺杂的本征区隔开。在正向偏压下，自由电子和空穴从高浓度区向本征区扩散，波导中自由载流子的浓度增加。通过载流子扩散将载流子注入本征区，具有较高的效率。然而，注入的速率受限于载流子寿命，同时，载流子扩散的过程中也会导致光的损耗。

　　2）载流子耗尽型：p-n（p-type/n-type）型。以脊波导中线为中心线，在中心线左右两侧分别掺杂形成 p-n 结。当 p-n 结两端外加反向电压时，p-n 结处会形成耗尽区。在此过程中，波导中的载流子会被抽取出来用以建立内建电场，波导中的自由载流子浓度被改变，从而改变了波导折射率，进而实现对传输光相位的调制。这种结构的移相器属于载流子耗尽型，也被称为 p-n 型电光移相器，相应的结构示意图如图 1-7 所示。

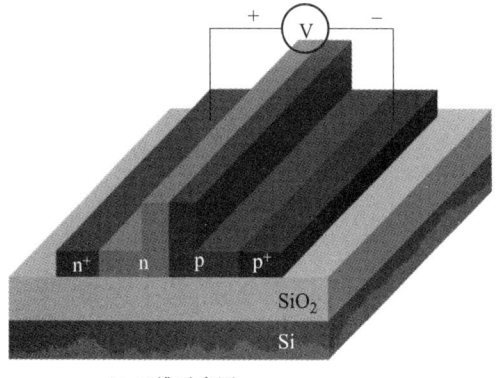

(a) 三维示意图

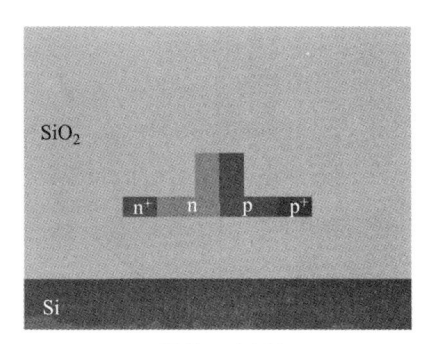

(b) 横截面示意图

图 1-7　反向偏压下载流子耗尽型（p-n型）的电光移相器的结构示意图

　　载流子耗尽型电光移相器中，在反向偏压下波导中的载流子被抽取形成载流子耗尽区。采用这种结构的电光移相器可以实现高速的移相，移相速度不再受载流子寿命的限制。但由于耗尽区宽度较小，移相效率相对较低，通常需要一个较长的移相器来完成 π 的移相。

　　载流子耗尽型电光移相器的仿真模型如图 1-8 所示，不同偏压下电光移相器中的载流子分布如图 1-9 所示。从图 1-9 中可以看出，当外部偏置电压为 0 V 时，载流子浓度没有变化；当外部偏置电压为 -4 V 时，载流子向波导两边扩散，中间形成载流子耗尽区，使硅波导的折射率发生变化，进而实现光的相位改变。

图 1-8　载流子耗尽型电光移相器的仿真模型（见彩插）

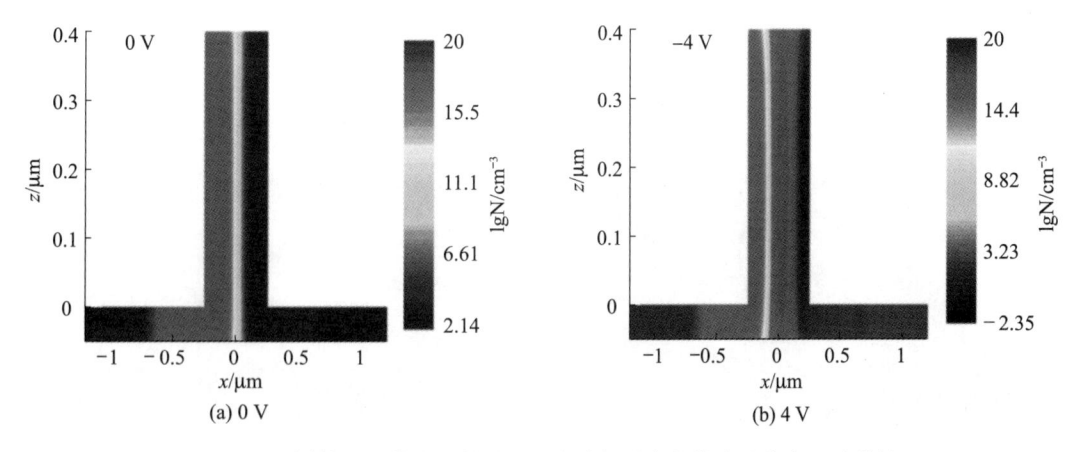

图 1-9　不同偏压下载流子耗尽型电光移相器中的载流子分布（见彩插）

（2）热光移相器

热光效应的原理是利用硅材料的折射率随温度变化的特性，通过在器件中引入微加热器，将外加电场能量转为热能，从而改变材料折射率，实现对光相位的调制。硅是一种热光系数较大的材料，硅材料的热光系数比二氧化硅高一个数量级。在波长为 1 550 nm 时，硅材料的热光系数[12]表达式为

$$\frac{\mathrm{d}n}{\mathrm{d}T} = 1.86 \times 10^{-4} \tag{1-2}$$

式中　n ——折射率；

　　　T ——温度；

　　　$\dfrac{\mathrm{d}n}{\mathrm{d}T}$ ——单位为 K^{-1}。

热光效应本身不会改变材料复折射率的虚部，因此不会引入额外的损耗。

热光移相器是通过在硅波导上方或其周围设计各种加热结构而形成，这些加热结构包括普通金属和在波导中掺杂形成的电阻。在电阻两端加载电压时，电能转化成焦耳热，从而导致硅波导中温度的升高。硅波导中温度的变化将导致折射率的变化，从而引起波导中传输光相位的变化。然而，热传导速率比载流子慢，这一特征限制了热光移相器的相位调制速率。

图 1-10 给出了一个单边掺杂型热光移相器的结构示意图。

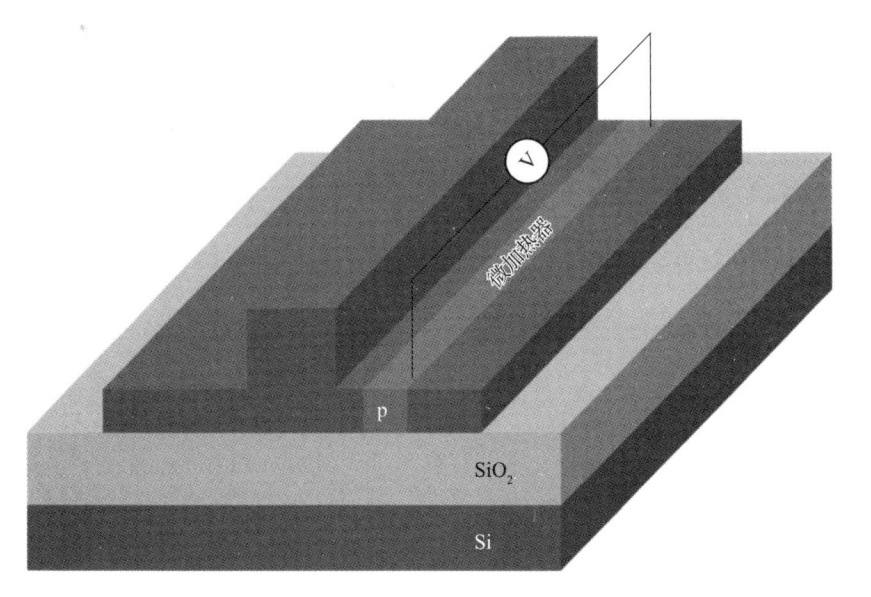

图 1-10　单边掺杂型热光移相器结构示意图

基于热光效应的移相器热传导仿真示意图如图 1-11 所示。热光移相器的设计版图和光学显微镜照片如图 1-12 所示。

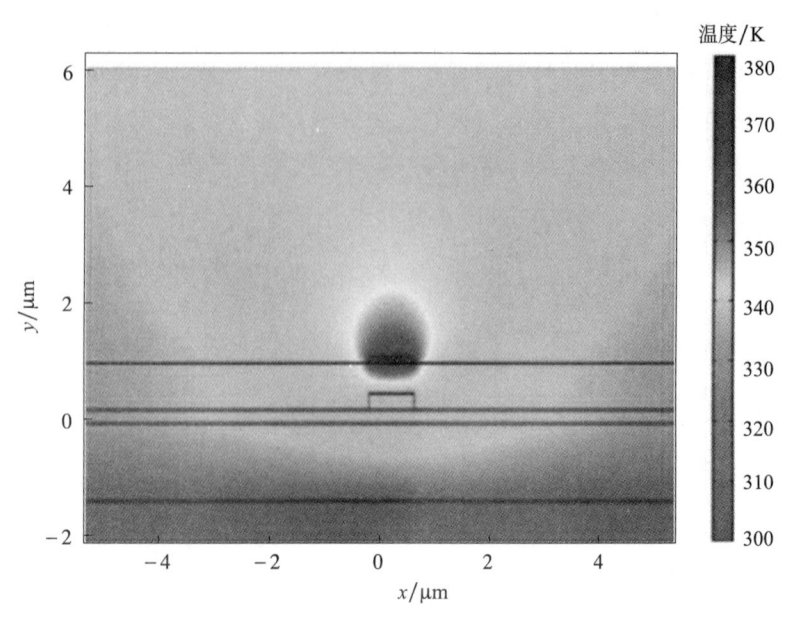

图 1-11　热光移相器热传导仿真

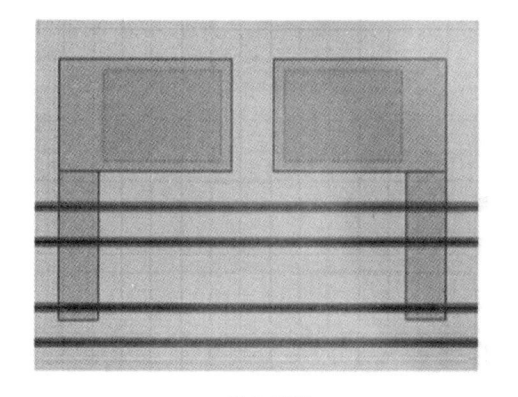

(a) 设计版图　　　　　　　　　　　　　　　(b) 光学显微镜照片

图 1-12　热光移相器结构

　　基于热光效应设计硅基光移相器面临的两个问题，一是速度慢，二是功耗大。热传导相对于载流子运动速度较慢。硅材料和金属电极都是良好的导热材料，造成热光器件在工作时的热能流失，器件的功耗增大。目前，采用刻蚀的方法减少热扩散是降低热光移相器功耗的重要手段。比如，在移相器两端加入空气沟槽，隔绝热量向两端传导；或者刻蚀掉移相器下方的硅衬底，防止热量从硅衬底耗散。

1.2.3.2　硅基移相器的性能参数

　　移相器的性能主要包括移相器尺寸、移相效率、移相范围、移相速率以及插入损耗五个方面。降低移相器的尺寸有利于实现光相控阵的大规模扩展，因此移相器的尺寸应当尽量小。通常用移相器完成 π 相移所需的功率 P_π 来衡量移相效率，P_π 越小说明移相效率越高。移相范围指移相器可以实现的相位改变量。在光相控阵的设计中，通常要求移相范围为 $0 \sim 2\pi$。移相器的移相速率高低代表着相位变化的快慢，与其工作原理相关。通常基于载流子色散效应的电光移相器的速率较高，可达吉赫兹量级；而基于热光效应的热光移相器由于受限于热传导的速率，其移相速率较低，为兆赫兹量级。插入损耗指的是通过移相器引入到光路中的额外损耗。对于电光移相器，由于载流子浓度会造成折射率吸收系数的变化，可能会造成吸收损耗。通过优化设计电光移相器的几何结构、掺杂浓度以及掺杂区域的大小能够有效降低插入损耗。对于热光移相器，由于热光移相器通过温度只能改变硅材料折射率的实部，因此，热光移相器中不存在插入损耗。

近年来，研究者开始研究将其他材料集成到同一晶圆上的调制机理，比如锗[13,14]和铌酸锂微结构调制器[15,16]，以实现高效率、低功耗、小型化、低损耗的光移相器。

1.2.4 光天线阵列

在光子集成相控阵中，波导中的光通过光天线阵列定向辐射到自由空间中，反之亦然[17]。光天线单元是组成光天线阵列的基本单元，光天线单元的结构形式、尺寸以及排列方式对光天线阵列的远场辐射方向图有着巨大的影响。

光栅是能使入射光的幅度或相位，或者两者同时产生周期性空间调制的光学器件。光栅天线利用光栅对波导馈入的光的幅度和相位进行调制，然后将光辐射到自由空间中。

硅基光栅天线是利用与 CMOS 工艺兼容的硅基光电子工艺在 SOI 上加工制作的一种光栅天线，被广泛应用于光子集成相控阵中，能够将波导中传输的光辐射到自由空间。直波导光栅天线和弧形光栅天线是两种常见的介质光栅天线，如图 1-13 所示。

直波导光栅天线是通过在硅波导上刻蚀周期性凹槽而形成的。当工作波长为 1 550 nm 时，直波导光栅天线的长度约为几百微米，其宽度可以小于一个波长。由于其较窄的天线宽度，直波导光栅天线被广泛应用于大多数一维光相控阵中。直波导光栅天线的较窄宽度能够实现沿天线阵方向的较小间距，这将能够实现宽角度的波束扫描。

直波导光栅天线由于长度较长，因此不适合用于二维光相控阵中。弧形光栅天线在两个维度上的尺寸均为几微米，通常被应用于二维光相控阵的设计当中[18,19]，为实现宽角扫描、窄波束辐射、可大规模扩展的二维光相控阵，需进一步开展小型化、高效辐射的硅基光天线的相关研究。

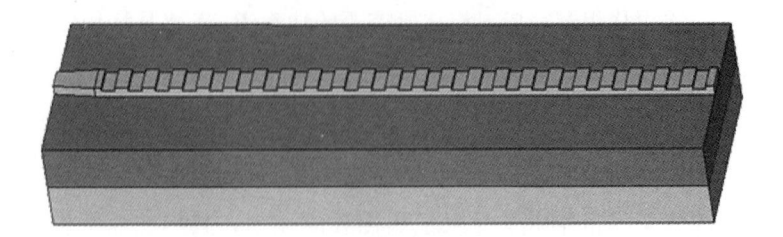

(a) 直波导光栅天线

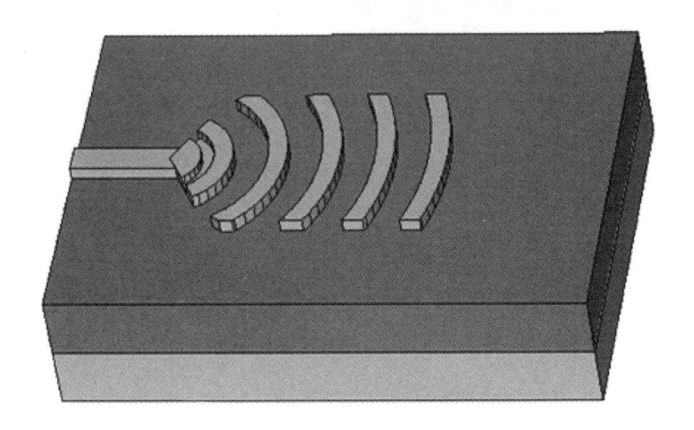

(b) 弧形光栅天线

图 1-13　两种常见的介质光栅天线结构示意图

1.2.5　控制电路

控制电路是给光相控阵中的移相器提供电压或电流的电路，一般独立于光相控阵芯片之外。波束相位的变化可通过控制电路调节加载到移相器两端的电压或者电流值来实现。控制电路可以分为两类，一类是基于数模转换（digital - to - analog conversion，DAC）设计的，另一类是基于模拟开关设计的。

图 1-14 显示了基于数模转换的 128 通道独立可控的控制电路工作原理示意图。首先根据移相器的移相特性，如移相所需的电阻、电压/功率等，选择合适的数模转换芯片。之后，采用现场可编程门阵列（field programmable gate array，FPGA）芯片控制 16 个 8 通道高精度的数模转换芯片，由数模转换输出独立控制的多路电压/电流信号被分配给光相控阵中相应的移相器。输出电压/电流信号的精度和刷新率取决于数模转换芯片的分辨率和转换率。

图 1-15 显示出了基于模拟开关芯片的控制电路工作原理示意图。在图 1-15 中，参考电压模块用于产生方波电压参考信号，其周期和幅度由现场可编程门阵列芯片控制，之后由模拟开关对产生的方波参考信号进行调制，模拟开关由现场可编程门阵列

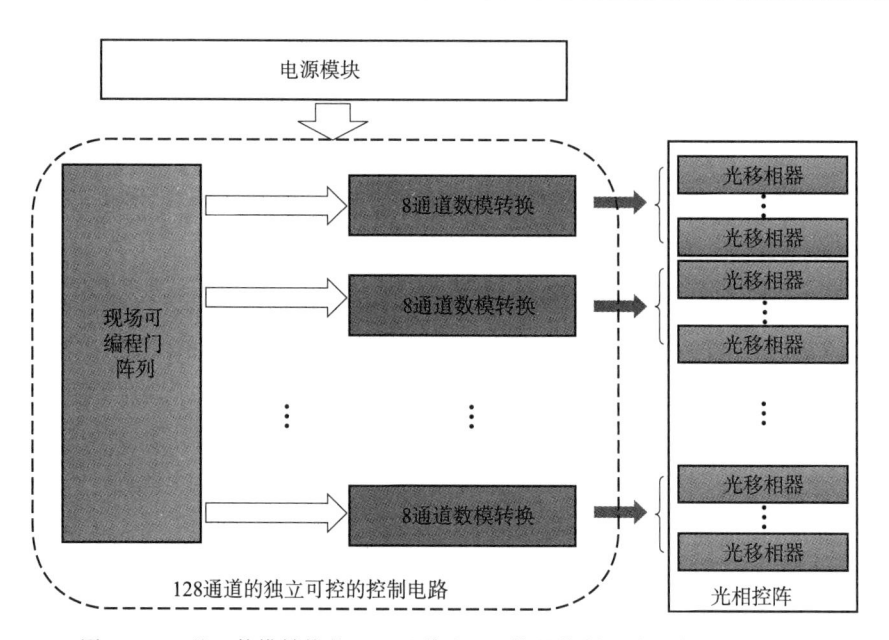

图 1-14 基于数模转换的 128 通道独立可控的控制电路工作原理示意图

芯片控制。最后，输出电压值由调制后的方波参考信号确定，输出电压精度取决于现场可编程门阵列芯片的工作频率。

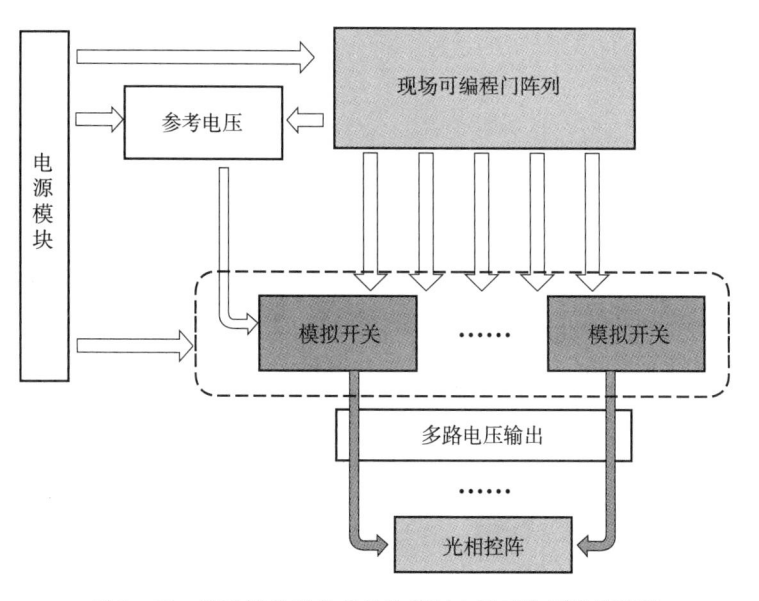

图 1-15 基于模拟开关芯片的控制电路工作原理示意图

得益于互补金属氧化物半导体技术的发展，这些控制电路也可以集成到芯片中，低功耗光相控阵单片集成电路已经取得了很大的进展，控制电路和运算放大器也可以集成在同一个芯片中。因此，更多通道数的控制电路将由一个微电子芯片实现，能够为更大规模的光子集成光相控阵芯片的研发提供技术保障。

1.3　光相控阵波束扫描原理

光相控阵按波束扫描方式可分为一维扫描阵列和二维扫描阵列两种。一维扫描阵列是指在一个方向上（方位或者俯仰）进行波束扫描的阵列；二维扫描阵列是指可同时在方位和俯仰两个方向上进行波束扫描的阵列。由于一维扫描阵列和二维扫描阵列的原理类似，下面以天线单元均匀分布的一维扫描阵列为例介绍光相控阵波束扫描原理。

一维光相控阵原理如图 1-16 所示，对于不同的波束偏转角 θ，阵列中天线单元间出射光场会存在一个光程差 $d\sin\theta$，即存在一个相位差 $\dfrac{2\pi}{\lambda}d\sin\theta$，将不同角度下第 n 个天线单元出射光场的附加相位差记为 $\varphi_n(\theta)$，则有

$$\varphi_n(\theta)=\frac{2\pi}{\lambda}nd\sin\theta \tag{1-3}$$

式中　λ ——波长；

　　　d ——单元间距；

　　　θ ——波束偏转角度，$n=0$，1，2，…。

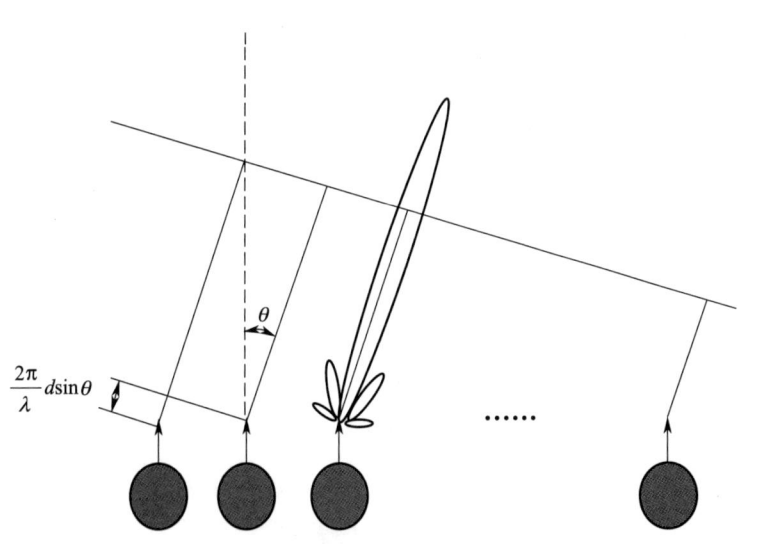

图 1-16　一维光相控阵原理图

在各天线单元出射光场幅度相等、初始相位均为 0 的条件下，不同天线单元的出射光场 $E_n(\theta)$ 可以描述为

$$E_n(\theta)=E_0\mathrm{e}^{-\mathrm{i}\varphi_n(\theta)} \tag{1-4}$$

式中　E_0 ——光场幅度。

将式 (1-3) 代入式 (1-4)，得

$$E_n(\theta) = E_0 \exp\left(-\mathrm{i}\frac{2\pi}{\lambda}nd\sin\theta\right) \tag{1-5}$$

当将各天线单元的初始相位设为 ψ_n 后，式 (1-5) 变为

$$E_n(\theta) = E_0 \exp\left[-\mathrm{i}\left(\frac{2\pi}{\lambda}nd\sin\theta + \psi_n\right)\right] \tag{1-6}$$

考虑到干涉相长的条件，即当相邻两个天线单元的相位差 $\Delta\varphi$ 满足

$$|\Delta\varphi| = 2k\pi\,(k = 0,1,2,3\cdots) \tag{1-7}$$

时，不同天线单元的出射光场干涉相长。其中，k 为干涉级次。

将式 (1-7) 代入式 (1-6)，得

$$\left|\frac{2\pi}{\lambda}d\sin\theta + \Delta\psi_n\right| = 2k\pi\,(k = 0,1,2,3,\cdots) \tag{1-8}$$

式中　$\Delta\psi_n$——第 $n+1$ 个天线单元与第 n 个天线单元之间的初始相位差，$\Delta\psi_n = \psi_{n+1} - \psi_n$。

对于 +1 级辐射 ($k = +1$)，式 (1-8) 可化为

$$\left|\frac{2\pi}{\lambda}d\sin\theta + \Delta\psi_n\right| = 2\pi \tag{1-9}$$

即只需要通过恰当地调整 ψ_n 就可以观察到出射光场在角度 θ 上的辐射峰。换言之，即只需要通过调整光场的相位，即可控制远场波束扫描。事实上，通过控制 ψ_n 不仅可以在远场形成单一的辐射峰，还可以实现复杂的辐射图样。

光相控阵天线单元是光相控阵中辐射和接收能量的部分，为了实现无栅瓣扫描，天线单元间距 d 应满足

$$d < \frac{\lambda}{1 + |\sin\theta_{\max}|} \tag{1-10}$$

式中　λ——工作波长；

$\theta_{\max}$——最大扫描角度。

从式 (1-10) 可知，单元间距 d 小于 1 倍波长，且 d 越小，扫描范围越大。为了设计可以宽范围扫描的光相控阵，需要减小单元间距，设计小型化的天线单元。

1.4　光相控阵和微波相控阵的关系

光相控阵的波束扫描原理和微波相控阵是相似的，光波和微波都是电磁波，由于频率相差较大，因此导致光相控阵和微波相控阵的主要区别有以下两个方面。

1) 在天线形式和材料方面，光相控阵在光通信中采用的波长是 1 550 nm，对应的

频率是 193.5 THz,因此光天线比微波天线尺寸小很多,其对加工精度要求很高,实现难度大,目前以光刻加工为主。微波天线的形式多样,可选的材料也很多,光天线所用的材料必须考虑光刻工艺要求,因此所选的材料以绝缘体上硅为主,天线的形式也主要以光栅为主。

2)在天线特性测试表征方面,光相控阵不能采用微波天线的测试方式,比如在微波暗室内采用远场、近场或者紧缩场的测试方式,需要搭建专门的测试系统进行测试。

1.5 光相控阵的主要参数

光天线是能够有效地完成自由辐射能量与导波能量相互转换的装置,主要参数包含端口特性和辐射特性两类。

1.5.1 光天线的端口特性

在电路理论中,阻抗 Z 由电源的电流 I 和电压 V 表示为 $Z=V/I$。这个定义假设电源通过搭载电流的传输线连接到天线,但是光天线一般由局部光发射器馈电,而不是由电流馈电。因此,天线输入阻抗的定义需要做一下调整。这里引入了电磁局域态密度(local density of electromagnetic states,LDOS),它可以用格林函数张量 G 表示,能够解释任意非均匀环境中偶极子的能量耗散。像原子和分子这样的单个发射体本身就是量子对象,严格来说,它们需要使用量子力学理论处理。但是大多数处于基态的两级系统可以用经典的偶极子来表示。因此,首先讨论一个两级原子的量子力学描述,然后建立与经典表示的联系。位于 r_o 处,并且与天线弱耦合的两级量子辐射器的总衰减率可以用费米黄金规则(Fermi's golden rule)表示为

$$\Gamma = \frac{\pi\omega}{3\hbar\varepsilon_0} |\langle g|\hat{\boldsymbol{p}}|e\rangle|^2 \rho_p(\boldsymbol{r}_o,\omega) \tag{1-11}$$

式中 $\langle g|\hat{\boldsymbol{p}}|e\rangle$——发射器激发态 $|e\rangle$ 和基态 $|g\rangle$ 之间的跃迁偶极矩;

  ω——跃迁频率;

  $\hbar$——约化普朗克常量;

  ε_0——真空介电常数;

  $\rho_p(\boldsymbol{r}_o,\omega)$——电磁局域态密度,可以表示为

$$\rho_p(\boldsymbol{r}_o,\omega) = \frac{6\omega}{\pi c^2}\{\boldsymbol{n}_p \cdot \mathrm{Im}[\boldsymbol{G}(\boldsymbol{r}_o,\boldsymbol{r}_o,\omega)] \cdot \boldsymbol{n}_p\} \tag{1-12}$$

式中 $\boldsymbol{n}_p$——偶极子 $\boldsymbol{p}$ 方向的单位矢量;

  c——真空中的光速。

式（1-12）中的格林函数由位于 $\boldsymbol{r}_o$ 处的偶极子 $\boldsymbol{p}$ 在观察点 $\boldsymbol{r}$ 处产生的电场 $\boldsymbol{E}$ 间接定义，即

$$E(\boldsymbol{r}) = \frac{1}{\varepsilon_o} \frac{\omega^2}{c^2} \boldsymbol{G}(\boldsymbol{r}, \boldsymbol{r}_o, \omega) \boldsymbol{p} \tag{1-13}$$

通过假设量子发射器没有优选的偶极轴来获得总的电磁局域态密度求得式（1-12）在不同偶极方向上的平均值为

$$\rho(\boldsymbol{r}_o, \omega) = \langle \rho_p(\boldsymbol{r}_o, \omega) \rangle = \frac{2\omega}{\pi c^2} \mathrm{Im}\{Tr[\boldsymbol{G}(\boldsymbol{r}_o, \boldsymbol{r}_o, \omega)]\} \tag{1-14}$$

式中　Tr ——路径。

因此量子发射器的激发态寿命 $\tau = 1/\Gamma$ 由嵌入发射器系统的格林函数 $\boldsymbol{G}$ 决定。因此电磁局域态密度表明天线的存在并且是天线特性的量度。在自由空间中，得到

$$\rho_p = \omega^2 / (\pi^2 c^3)$$

并将其带入到公式（1-11）中得到

$$\Gamma_o = \omega^3 |\langle g|\hat{\boldsymbol{p}}|e\rangle|^2 / (3\pi\varepsilon_o \hbar c^3)$$

用经典的偶极子 p（一个位于 $\boldsymbol{r}_o$ 处的点状源电流）代表量子发射器。根据坡印廷定理，时间谐波系统的功率损耗是

$$P = \frac{1}{2} \int_V \mathrm{Re}(\boldsymbol{j}^* \cdot \boldsymbol{E}) \, \mathrm{d}V \tag{1-15}$$

式中　V —— 源的体积；

　　　$\boldsymbol{j}$ —— 电流密度；

　　　$\boldsymbol{E}$ —— 电场。

电流密度 $\boldsymbol{j}$ 可以在原点 $\boldsymbol{r}_o$ 周围用泰勒级数展开，近似地表示为

$$\boldsymbol{j}(\boldsymbol{r}) = -\mathrm{i}\omega \boldsymbol{p}\delta(\boldsymbol{r} - \boldsymbol{r}_o) \tag{1-16}$$

式中　$\boldsymbol{p}$ ——偶极矩；

　　　δ ——狄拉克函数。

式（1-16）代入式（1-15）中得到

$$P = \frac{\omega}{2} \mathrm{Im}[\boldsymbol{p}^* \cdot \boldsymbol{E}(\boldsymbol{r}_o)] \tag{1-17}$$

这个表达式中的电场是偶极子产生的场，在偶极子的原点开始计算。根据格林函数式（1-13）表示的场，得到功率损耗

$$P = \frac{\pi\omega^2}{12\varepsilon_o} |\boldsymbol{p}|^2 \rho_p(\boldsymbol{r}_o, \omega) \tag{1-18}$$

在自由空间中偶极子的辐射功率为 $P^o = |\boldsymbol{p}|^2 \omega^4 / (12\pi\varepsilon_o c^3)$，依据归一化的功率辐射，电磁局域态密度为

$$\rho_p(\boldsymbol{r}_o,\omega)=\frac{\omega^2}{\pi^2 c^3}P/P^o \tag{1-19}$$

通过式（1-11）～式（1-18）得到

$$\frac{P}{\Gamma}=\frac{|\boldsymbol{p}|^2}{|\langle g|\hat{\boldsymbol{p}}|e\rangle|^2}\frac{\hbar\omega}{4} \tag{1-20}$$

功率耗散与转换速率的比率可以用偶极矩表示。在电路理论中，根据功率损耗得到天线的阻抗 $\mathrm{Re}(Z)=P/I^2$。因为是用一个驱动偶极子而不是物理电流，按照电流密度更容易定义 Z，因此得到

$$\mathrm{Re}(Z)=\frac{\pi}{12\varepsilon_o}\rho_p(\boldsymbol{r}_o,\omega) \tag{1-21}$$

天线的阻抗 $\mathrm{Re}(Z)$ 与电磁局域态密度有关，单位是单位面积的欧姆值。阻抗 Z 取决于 $\boldsymbol{r}_o$ 的位置和接收或者发射偶极子的方向 $\boldsymbol{n}_p$，它的虚部考虑了存储在近场中的能量。

天线端口的反射系数 γ_{in} 与天线阻抗的关系为

$$\gamma_{\mathrm{in}}=\frac{Z-Z_0}{Z+Z_0} \tag{1-22}$$

式中　Z_0——给天线馈光装置的特征阻抗。

回波损耗（return loss，RL）是反射功率 P_r 与入射功率 P_i 之比，用分贝形式表示为

$$\mathrm{RL}\,[\mathrm{dB}]=10\,\lg\left(\frac{P_r}{P_i}\right)=10\,\lg\,|\gamma_{\mathrm{in}}|^2 \tag{1-23}$$

1.5.2　光天线的辐射特性

光天线作为电磁波的接收和发射器件，它的辐射特性主要包括远场辐射方向图、效率、方向性系数和增益等。图 1-17 是光天线的远场辐射方向图，方向图主要包括主瓣和副瓣。天线远场辐射方向图一般包含多个波瓣，其中辐射方向上最大的波瓣称为主瓣，在主瓣正后方的波瓣称为后瓣，其他波瓣称为副瓣，副瓣电平（sidelobe level，SLL）是副瓣的最大值相对于主瓣最大值的比值。在空间激光通信中，主瓣一般对准通信目标，要求具有较低的副瓣。

式（1-18）中的功率 P 是总的耗散功率（输入功率），包括辐射功率 P_{rad} 和转化成热量与其他信道的功率（P_{loss}）。天线的辐射效率 $\varepsilon_{\mathrm{rad}}$ 定义为

$$\varepsilon_{\mathrm{rad}}=\frac{P_{\mathrm{rad}}}{P}=\frac{P_{\mathrm{rad}}}{P_{\mathrm{rad}}+P_{\mathrm{loss}}} \tag{1-24}$$

根据式（1-17），通过在偶极子位置处计算电场可以得到功率 P。P_{rad} 需要计算

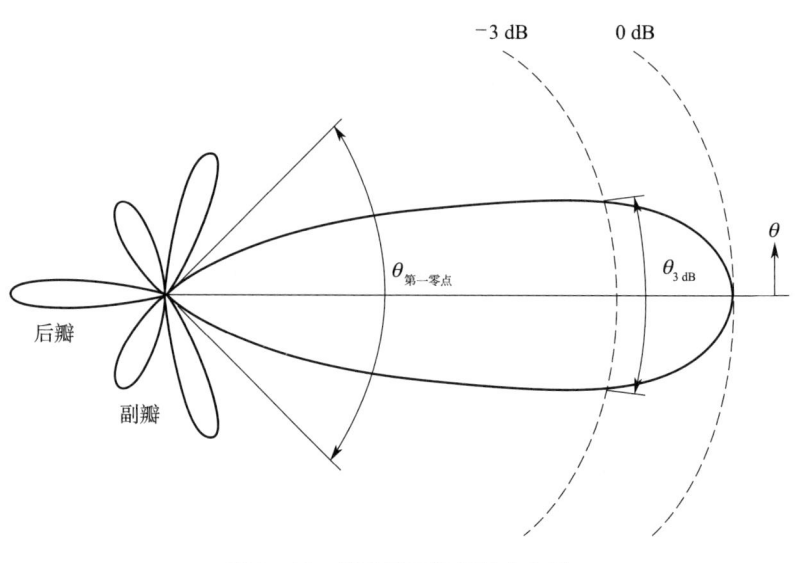

图 1 - 17　光天线远场辐射方向图

通过包围偶极子和天线表面的能量通量。

将发射器的固有量子效率定义为

$$\eta_i = \frac{P_{rad}^o}{P_{rad}^o + P_{intrinsic\ loss}^o} \quad (1-25)$$

式中　上标 o ——没有天线；

　　　$P_{intrinsic\ loss}^o$ ——发射器的固有损耗。

根据 η_i 的定义，式（1-24）可以表示为

$$\varepsilon_{rad} = \frac{P_{rad}/P_{rad}^o}{P_{rad}/P_{rad}^o + P_{antenna\ loss}/P_{rad}^o + (1-\eta_i)/\eta_i} \quad (1-26)$$

对于一个没有固有损耗（$\eta_i = 1$）的发射器来说，天线会降低效率。但对于一个低 η_i 的发射器来说，能够有效地提高总的效率。

为了说明辐射功率的角分布，定义了归一化的角功率密度 $p(\theta, \varphi)$，或者说是辐射模式，有

$$\int_0^\pi \int_0^{2\pi} p(\theta, \varphi) \sin\theta \, d\varphi \, d\theta = P_{rad} \quad (1-27)$$

式中　θ, φ ——空间坐标下俯仰角和方位角。

天线的方向性系数 D 是天线将辐射能量集中到一个特定方向能力的度量，它对应相对于假想的各向同性辐射器的角功率密度。

$$D(\theta, \varphi) = \frac{4\pi}{P_{rad}} p(\theta, \varphi) \quad (1-28)$$

当方向（θ, φ）没有明确说明的时候，通常指的是最大方向性系数的方向，即

$$D_{max} = (4\pi/P_{rad}) \max[p(\theta, \varphi)]$$

因为距天线很远的场是横向的，所以它们可以用两个极化方向 $\boldsymbol{n}_\theta$ 和 $\boldsymbol{n}_\varphi$ 表示。然后部分方向性定义为

$$D_\theta(\theta,\varphi) = \frac{4\pi}{P_{\mathrm{rad}}} p_\theta(\theta,\varphi) \qquad (1-29)$$

$$D_\varphi(\theta,\varphi) = \frac{4\pi}{P_{\mathrm{rad}}} p_\varphi(\theta,\varphi)$$

式中　p_θ，p_φ——偏振沿着 $\boldsymbol{n}_\theta$ 和 $\boldsymbol{n}_\varphi$ 方向的归一化角功率。

由于 $\boldsymbol{n}_\theta \cdot \boldsymbol{n}_\varphi = 0$，因此

$$D(\theta,\varphi) = D_\theta(\theta,\varphi) + D_\varphi(\theta,\varphi) \qquad (1-30)$$

天线增益的定义和方向性系数相似，但不是用辐射功率 P_{rad} 做归一化而是用总功率 P，即

$$G = \frac{4\pi}{P} p(\theta,\varphi) = \varepsilon_{\mathrm{rad}} D \qquad (1-31)$$

式中　D，G——通常使用分贝度量。

因为实际上不存在完全各向同性的辐射器，因此参考已知方向图的天线更为实际。相对增益定义为给定方向上的功率增益与参考天线在相同方向上的功率增益之比。由于相对简单的辐射方向图，偶极子天线是作为参考的标准选择。

1.6　光相控阵的应用领域

光相控阵技术兼具波束快速指向和多波束生成两大重要特性，该技术的发展在未来将大幅改变空间光通信和光网络的组织形态。光相控阵的具体优势如下。

（1）快速建链，快速组网

光相控阵的波束指向颠覆了传统具有较大转动惯量的光学指向调整机构技术，无惯性波束快速切换调整，切换速度可达微秒量级，为可见时间短、通信速率高的通信链路的建立和切换提供可能，为高动态移动目标的跟踪提供保障。对于高动态的相对运动物体之间的通信链路保持，光相控阵的快速波束指向能力可发挥非常重要的作用，可实现光网络的快速构建，提升整网的可靠性，也提升了网络的灵活性。

（2）同时多波束，同时建立多个链路

空间光网络的同时多波束能力对于同时建立多个可靠链路，并快速选择一个信道质量最佳、时延最小的通信链路将非常关键。同时，如果出现链路中断，光相控阵的同时多波束可快速通过备份冗余链路实现环回保护，确保通信的实时性和连续性。

（3）芯片化，便于在多种平台上使用

由于光相控阵采用了单片集成的微纳工艺制作，具有体积小、重量轻、功耗低和成本低的特点，比原有的光学指向调整装置的尺寸和重量减小了几个数量级，并为大规模加工、生产、测试和使用提供了可能，减小了空间光通信终端所需的资源要求，大幅降低了空间光通信终端的成本，便于在多种卫星平台和空间飞行器上使用，可灵活实现包含高、中、低各个轨道和各型卫星的灵活布局和组网。

光相控阵在光通信和光网络领域的主要应用场景如下。

1）低轨卫星之间组网。星间光组网的一个节点需要同时建立和邻星的 4 条链路，包含和同一轨道前后卫星节点的 2 条链路以及和不同轨道左右卫星节点的 2 条链路。如图 1-18 所示，A 卫星与同轨的 B 卫星、C 卫星以及与异轨的 D 卫星、E 卫星，利用光相控阵可以同时建立通信链路。

不同轨道的低轨卫星相对运动速度极高，相对位置变化范围大、变化速度快，且卫星相遇时可建立通信链路的时间窗口较短，而光相控阵具有快速的扫描和跟踪能力，可以很好地满足这种需求。

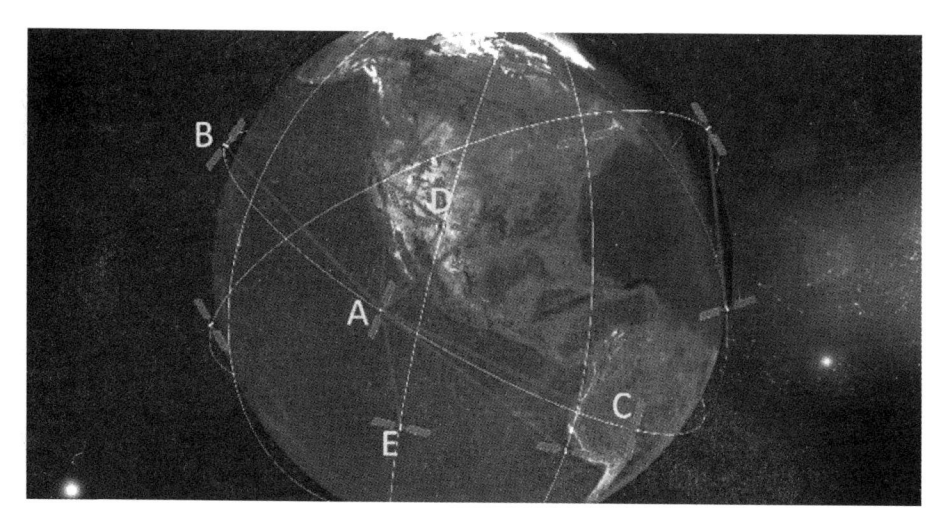

图 1-18　低轨卫星之间组网（见彩插）

2）高轨卫星与低轨卫星之间组网。如图 1-19 所示，光相控阵可以支持同步轨道卫星同时建立并保持与多个高速移动的低轨卫星之间的激光通信链路，并通过同步轨道卫星连接地面站，快速传输多个低轨卫星的数据。

3）卫星与高速移动空中目标之间组网。如图 1-20 所示，光相控阵可以支持卫星同时建立并保持与多个高速移动的航空器之间的激光通信链路，并通过卫星连接地面站，快速传输多个航空器的数据。

图 1-19　高轨卫星与低轨卫星之间组网（见彩插）

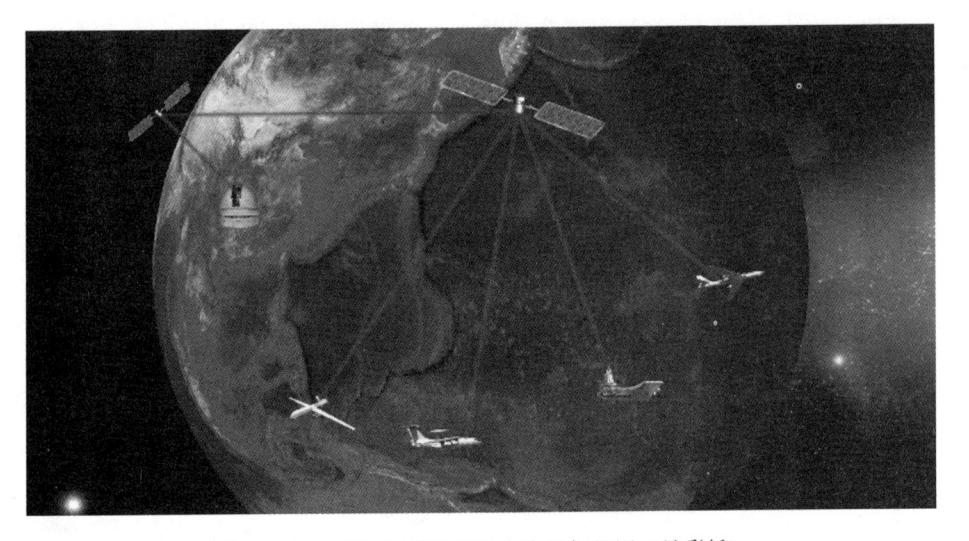

图 1-20　卫星与高速移动空中目标组网（见彩插）

1.7　光子集成相控阵国内外研究进展

近年来，光子集成相控阵受到了国内外研究机构的广泛关注。根据光天线的排列方式，现有的光子集成相控阵通常分为两类：一维光相控阵和二维光相控阵。一维光相控阵中光天线沿着某一特定方向排列；二维光相控阵中光天线在平面上排列。下面将分别介绍这两种类型的光相控阵的研究进展，各光相控阵芯片的性能参数详见表 1-1。

表 1 - 1　光相控阵芯片的性能参数

加工工艺	天线数量	阵列维度	扫描角度/(°)	法向波束宽度	结构类型	年份	研究机构(国家)	参考文献
Si	1×16	1D	2.3	N/A	边射	2009	根特大学(荷兰)	[20]
InP	1×8	1D	10	N/A	边射	2013	加州大学圣巴巴拉分校(美国)	[25]
Ⅲ-Ⅴ/Si	1×32	1D	23	1°	边射	2015	加州大学圣巴巴拉分校(美国)	[26]
Si	1×50	1D	46	0.85°	边射	2016	麻省理工学院(美国)	[21]
Si	128	1D	80	0.14°	边射	2016	英特尔(美国)	[22]
Si	1×1 024	1D	45	0.03°	边射	2017	南加利尼亚大学(美国)	[23]
Si	1×512	1D	70	0.15°	边射	2020	哥伦比亚大学(美国)	[24]
Si	1×64	1D	160	1.6°	端射	2018	哥伦比亚大学(美国)	[28]
Si	1×64	1D	28	0.25°	边射	2020	北京卫星信息工程研究所(中国)	[33]
SiN-Si	1×32	1D	96	2.3°	边射	2020	中国科学院半导体研究所(中国)	[39]
Si	8×8	2D	6×6	N/A	边射	2013	麻省理工学院(美国)	[18]
Si	8×8	2D	1.6×1.6	N/A	边射	2015	南加利福尼亚大学(美国)	[19]
Si	8×8	2D	7×7	N/A	边射	2019	宾夕法尼亚大学(美国)	[30]
Si	8×8	2D	8.9×2.2	0.92°×0.32°	边射	2020	北京大学(中国)	[32]
Si	128	2D	16×16	0.8°×0.8°	边射	2019	加州理工学院(美国)	[31]
3D Si	4×4	2D	4.93×4.93	N/A	端射	2015	加利福尼亚大学戴维斯分校(美国)	[35]
3D Si	16×16	2D	N/A	N/A	端射	2016	加利福尼亚大学戴维斯分校(美国)	[36]

1.7.1　一维光相控阵

　　比利时根特大学的 Acoleyen 等[20]于 2009 年提出的硅基光相控阵芯片是一维光子集成相控阵研究最初的工作。在 SOI 晶圆上加工实现了 1×16 阵元的一维光栅天线阵列，如图 1-21 所示。在 1 550 nm 波长处，用 16 个热光移相器实现了光束在垂直于波导光栅的方向 ϕ 上 2.3°的扫描；通过将波长从 1 500 nm 改变至 1 600 nm 实现了光束在沿着波导光栅的方向 θ 上 14.1°的扫描。此后，一些关于光子集成的一维光相控阵的相关工作的论文相继发表，这些光相控阵芯片中光天线阵列的规模也在不断扩大[21-23]。

　　随着天线数量的不断增加，光相控阵芯片面临的技术挑战也越来越多，如移相器数目的增多、功耗的增加及控制电路复杂性的增大等。2017 年南加州大学的 Chung 教授团队[23]通过引入子阵概念以及多个移相器共享控制电路的方法提出了一个可大规模

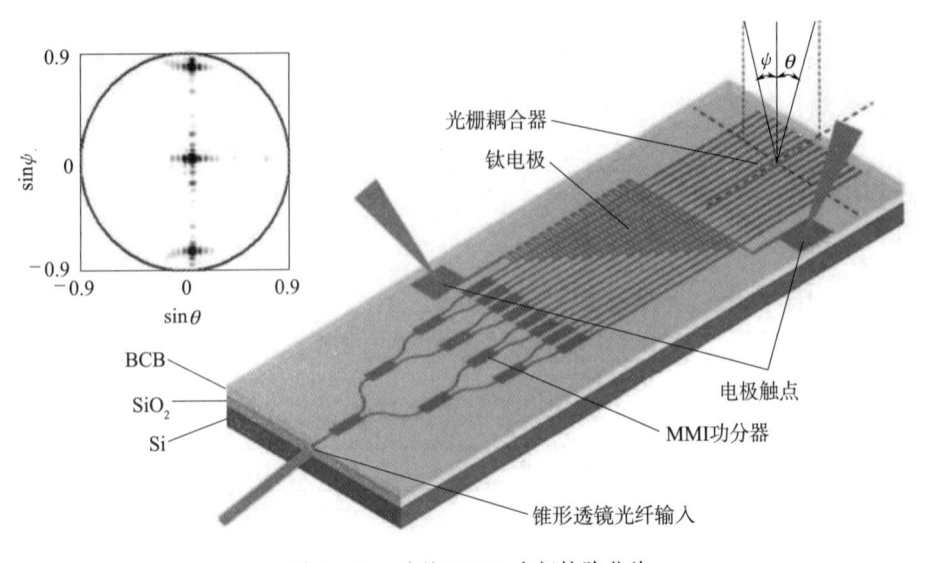

图 1 - 21　硅基 1×16 光相控阵芯片

扩展的光相控阵芯片实现方案。基于这一方案，Chung 教授团队设计并实现了到目前为止规模最大的单片集成光相控阵芯片，共包含有 1 024 个光天线单元，如图 1 - 22 所示[23]。通过实验测试，得到了一个波束宽度为 0.03°的窄波束，并实现了 45°的波束扫描范围。这一方案尽管能够大幅减少电子元件的数量以及功耗，但由于不是每个移相器都是被独立控制，其波束控制精度受到了限制。美国哥伦比亚大学 Miller 教授团队[24]提出了一种低功耗的多路径硅基移相器结构，其功耗可以降低到1.7 mW/π。基于这种多路径硅基移相器，提出了一个包含低功耗的 1×512 天线阵元以及 512 个独立控制移相器的光相控阵芯片。通过分别调节移相器和入射波长，该相控阵可实现 70°×6°的扫描范围，波束宽度为 0.15°×0.15°，整个光相控阵的功耗只有 1.9 W，这个功耗值远远低于采用常规热光移相器的光相控阵芯片的功耗值。

硅基光相控阵芯片通常通过外部激光器提供光源，并没有将激光器也集成到同一芯片上。为了提高芯片整体的稳定性，研究人员提出了将激光光源集成到光相控阵芯片上的设计方案。由于单晶硅是一种间接带隙半导体材料，很难获得较高的发光效率，不能直接利用硅材料制成激光器。大量研究表明，Ⅲ-Ⅴ族材料（如 InP）具有直接带隙且具有高的量子效率，InP 基的光子集成技术广泛应用于实现片上光源和放大器中。

随着Ⅲ-Ⅴ异质集成技术的发展，激光器和光放大器等Ⅲ-Ⅴ族器件能够集成到同一个硅基光电子芯片上[25,26]。2013 年，Guo 等[25]提出了 InP 基的单片集成 1×8 光相控阵，如图 1 - 23 所示。这一光相控阵芯片中除了包括光天线阵列、移相器和光功率分配网络之外，还集成了可调谐激光器、半导体光学放大器和探测器。2015 年，Hulme 等[26]利用混合型Ⅲ-Ⅴ/硅工艺平台加工实现了一个包含 1×32 天线阵列的全集成光相

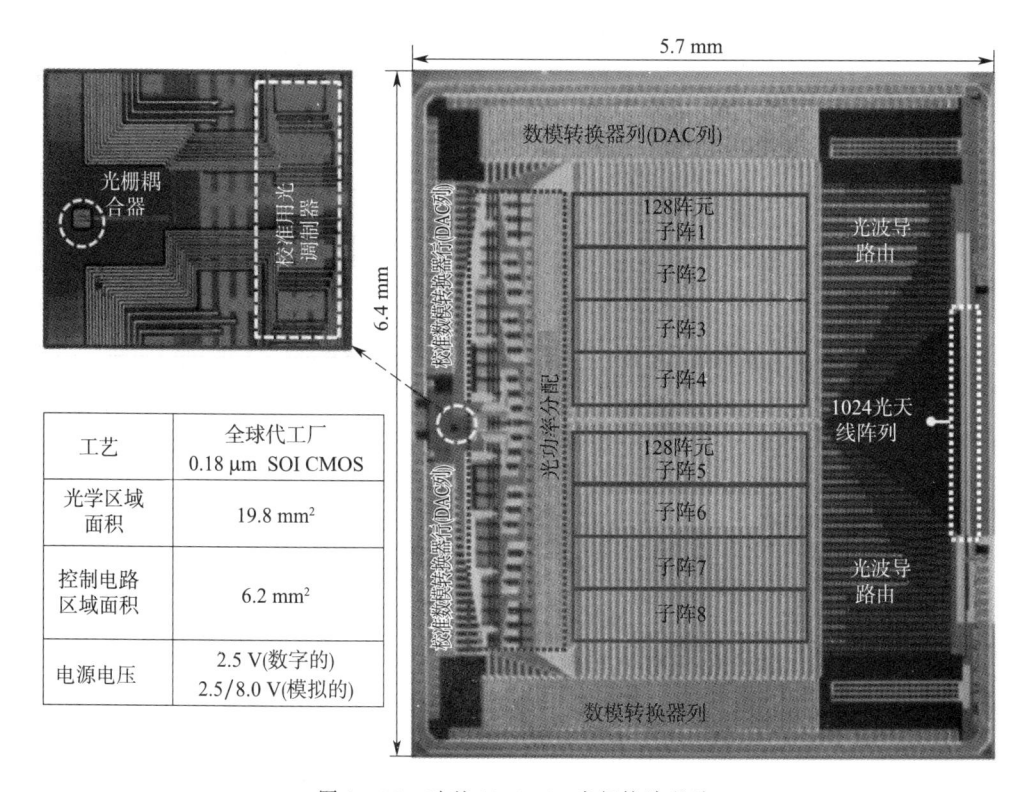

图 1 - 22 硅基 1×1 024 光相控阵芯片

控阵芯片。该光相控阵芯片除了包含光相控阵的核心组件之外，还集成了激光器、放大器以及用于成像并将远场耦合到探测器阵列的片上光子晶体透镜，可实现 23°×3.6° 的光束扫描范围和 1°×0.6° 的波束宽度。

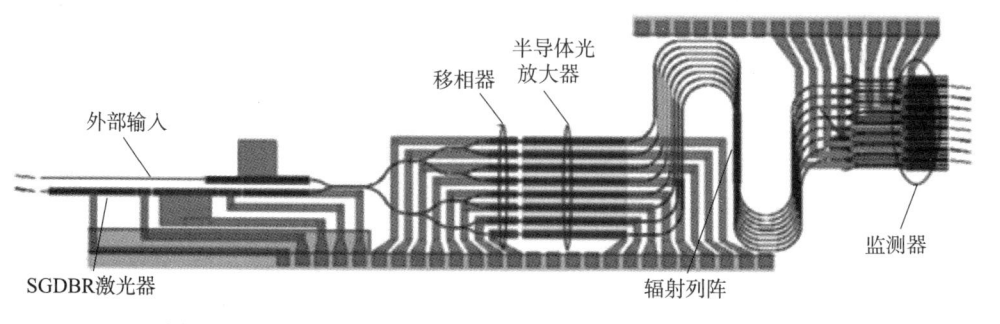

图 1 - 23 包含片上激光器与放大器的 InP 基 1×8 光相控阵芯片

近年来，三维光子集成电路（3D‐PIC）技术已经作为一种重要的加工手段来实现单片集成的微系统。一般来讲，三维光子集成电路加工技术有些是利用超快激光刻蚀实现的，还有一些由多层二维光子集成电路堆叠而成。为了提高芯片面积的利用率，Ben Yoo 教授团队[27]于 2018 年利用三维光子集成电路技术加工实现了 1×120 阵元的折叠光相控阵，如图 1‐24 所示。这个超紧凑的光相控阵包括两层，顶层是带有光学天线阵列的发射层，底层是带有移相器、放大器等器件的有源光子层。这两层通过一个垂直的 U 形转弯结构在光学上相互连接。

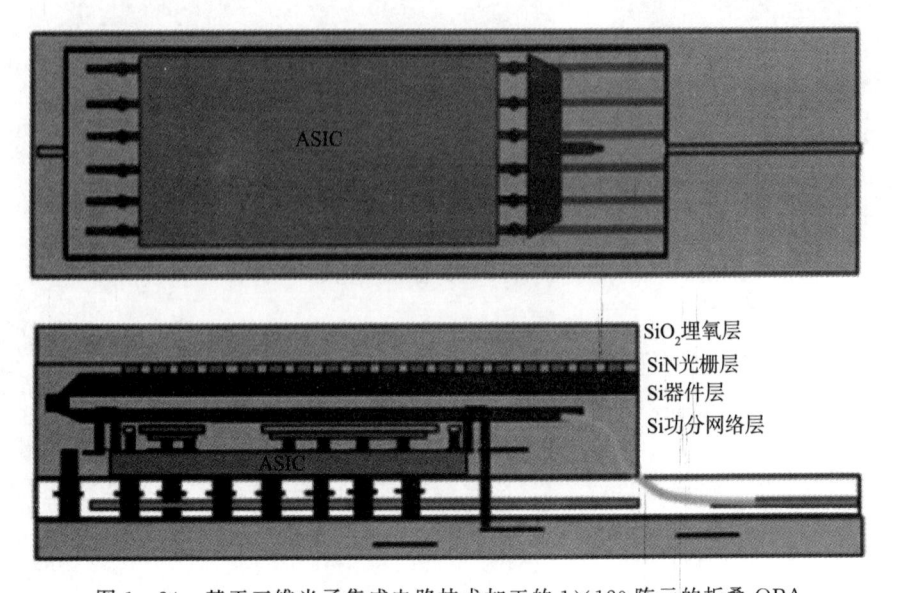

图 1-24　基于三维光子集成电路技术加工的 1×120 阵元的折叠 OPA

光子集成的光相控阵芯片根据辐射波束方向可分为边射式和端射式两种。前面提到的光相控阵芯片都是通过芯片上的光栅天线向上辐射光束实现波束扫描的，通常称为边射式光相控阵。对于光束沿着波导直接辐射出去的光相控阵，则称为端射式光相控阵。图 1-25 显示了一个粘贴在印制电路板上的端射式光相控阵芯片的显微镜照片[28]。图 1-25 中光束经由芯片端面上 64 个波导端口直接辐射出去。波导之间的间隔为半波长，通过设计相位失配避免了相邻波导之间的串扰，由于发射端口之间的间距较小，该光相控阵能够实现 ±80° 的波束扫描范围和 1.6° 的波束宽度。

一维光相控阵分别通过移相器操控实现波束在阵列维度上的扫描，通过波长调节实现波束在天线维度上的扫描，这样一维光相控阵就实现了两个正交方向上的二维波束扫描。

1.7.2　二维光相控阵

早期的二维硅基光相控阵芯片是不包含移相器的，由 Van Acoleyen 等[29] 在 2010 年提出。这个二维光相控阵芯片在一个维度上通过延迟线实现了固定的相位差，在另一个维度上通过改变工作波长实现了 1.5° 的扫描范围。尽管是二维光相控阵芯片，但没有真正实现二维相位控制的波束扫描。通过相位调节实现的波束扫描离不开移相器。

Sun 等[18] 在 2013 年提出了一个 8×8 的硅基集成的光相控阵芯片，如图 1-26 所

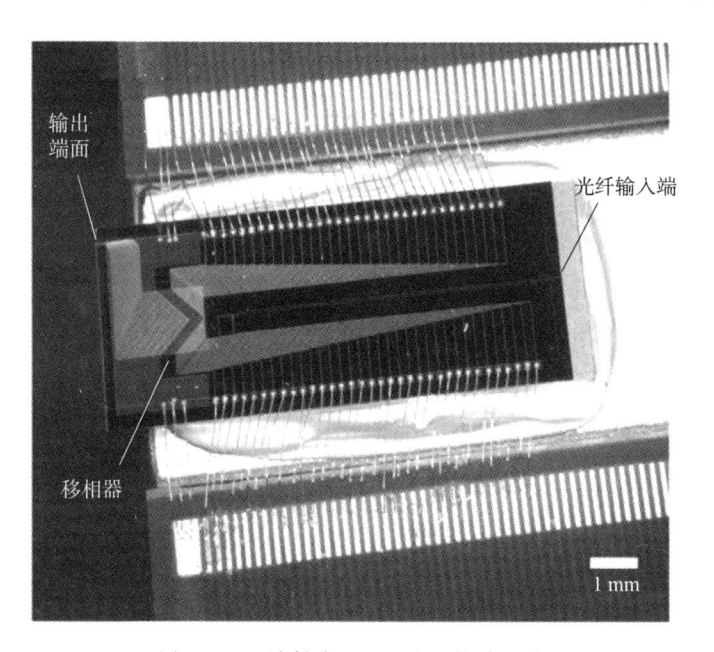

图 1 - 25　端射式 1×64 光相控阵芯片

示。在这个方案中，馈入光波导中的光被一个串联型的功率分配网络平均分配到带有热光移相器的 S 型波导阵列中，其中光天线单元的间距为 $9\ \mu m \times 9\ \mu m$。通过热光移相器的相位控制可以分别在水平和竖直两个正交方向上各实现 6° 的波束扫描范围。进一步，Abediasl 等[29]在 2015 年利用互补金属氧化物半导体加工工艺首次将热光可调谐的衰减器和控制电路引入 8×8 的单片集成的光相控阵中，形成了一个高集成度的光相控阵光电子芯片。这一单片集成的光相控阵包含有超过 300 个光器件和超过 74 000 个电学器件。

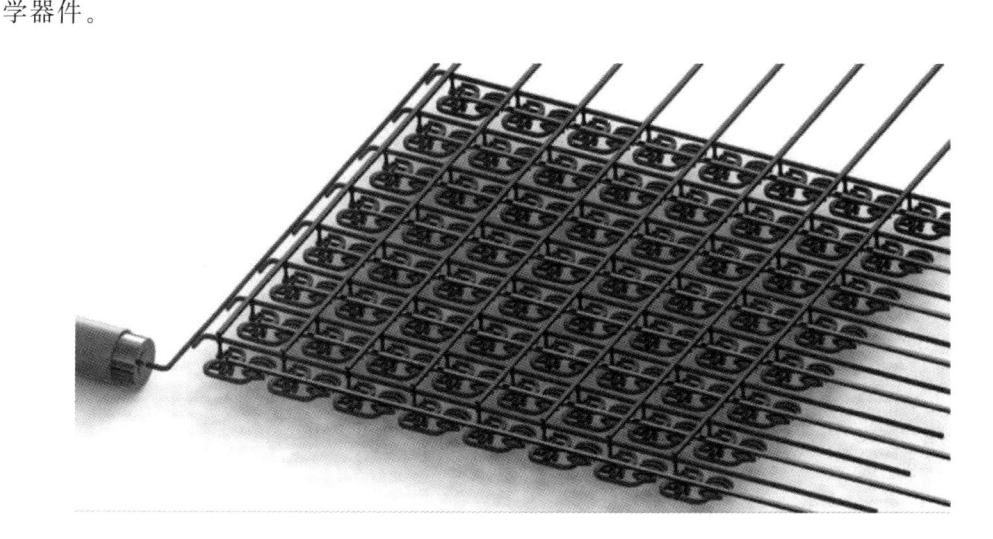

图 1 - 26　硅基 8×8 光相控阵芯片

以上两种 8×8 的硅基集成的光相控阵芯片均采用了串联型光功率分配网络，这种功率分配网络很容易实现两个正交方向上光天线阵列规模的进一步扩展。然而，由于这种方案中移相器包含在天线阵列中，导致天线单元间距无法进一步减小，限制了光相控阵芯片的波束扫描范围。为了得到更加紧凑的天线单元间距，并减少移相器的数量及功耗，共享移相器的设计方案也可以被用在二维光相控阵芯片的设计中。比如，美国宾夕法尼亚大学 Ashtiani 等[30]提出了一个 8×8 的硅基光相控阵芯片，通过采用并联型的光功率分配网络将 16 个硅基移相器置于天线阵列之外，能够实现光天线单元的紧凑排列，最终获得 7°×7° 的波束扫描范围。利用类似的设计方案，Fatemi 等[31]于 2019 年提出了一个含有 128 个天线的较大规模的二维光相控阵芯片。为了增大光相控阵的规模，研究者设计了一个非均匀单元间隔的天线阵列，在这一光相控阵中利用一个并联型的功率分配网络将光分配到各个天线中，最终实现 0.8°×0.8° 的波束宽度和 16°×16° 的波束扫描范围。

上述基于热光移相器的二维光相控阵设计方案中，随着天线阵列规模的扩大，热串扰以及散热问题逐渐凸显，同时波束扫描速度受限。如果采用电光移相器实现二维光相控阵的波束扫描，将有效解决散热问题。2020 年，北京大学彭超教授提出了基于电光移相器的 8×8 硅基光相控阵芯片，波束扫描范围为 8.9°×2.2°，波束宽度为 0.92°×0.32°[32]。理论上采用电光移相器的光相控阵芯片，波束扫描速度能够达到吉赫兹量级，但受限于控制电路的速度，实验中测试得到的波束扫描速度为 20 MHz。若进一步提高控制电路的速度，这种方案可实现更快的波束扫描速度，也将成为未来具有发展潜力的一种光相控阵设计方案。

1.7.3　光子集成光相控阵的发展趋势

光子集成光相控阵芯片在空间激光通信中的应用需综合考虑阵列规模、辐射功率、功耗、波束扫描范围、波束宽度等多方面的因素[33]。因此，增大二维光子集成的光相控阵的规模并保证亚波长的天线单元间距是一个亟待解决的问题。在一维光相控阵中，光天线可以紧凑排布成亚波长间隔的阵列，光天线的数量也很容易增加。然而，在二维光相控阵的扩展中，天线阵元间距将显著增加。这主要是由于功率分配网络中的波导需要占据天线与天线之间的大量面积。因此，将二维集成光相控阵规模扩展，且具有亚波长间距的光学天线阵列的研究将面临巨大的挑战。

为实现大规模的光相控阵芯片，研究人员提出了一些新颖的设计方案，比如将高对比光栅（high contrast grating，HCG）天线引入到二维光相控阵中[34]，以及利用 3D 波导阵列作为发射器实现端射式光相控阵[35,36]。如图 1 - 27 所示，通过将三维波导阵列和一个包含有功分光波导和波导阵列移相器的二维光子集成电路混合集成实现了一个 4×4 的光相控阵[35]，其中波导阵列由超快激光刻蚀实现。该光相控阵可以在 1 550 nm 波长处实现 4.93°×4.93°的扫描范围。2016 年，Yoo 教授团队[36]利用同样的方法实现了一个 16×16 的光相控阵。另一种三维的大规模光相控阵设计方案如图 1 - 28 所示[37]，由一种底部馈光的亚波长混合等离子体纳米天线构成，理论上可以获得大尺寸的可扩展光相控阵，但目前的加工技术还很难实现。

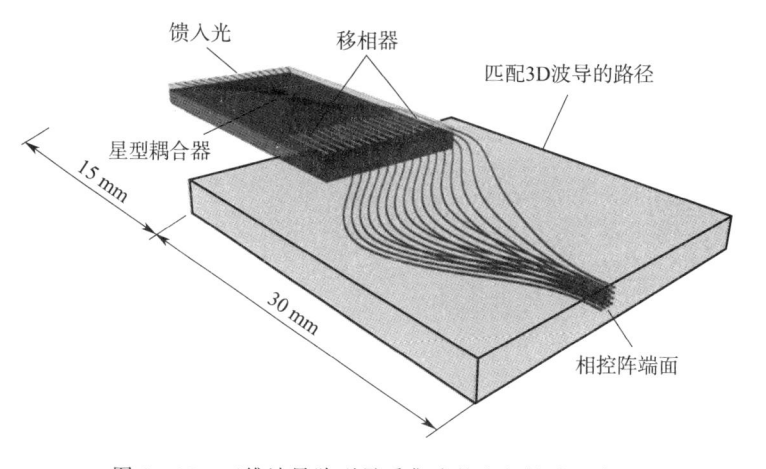

图 1 - 27　三维波导阵列异质集成的光相控阵示意图

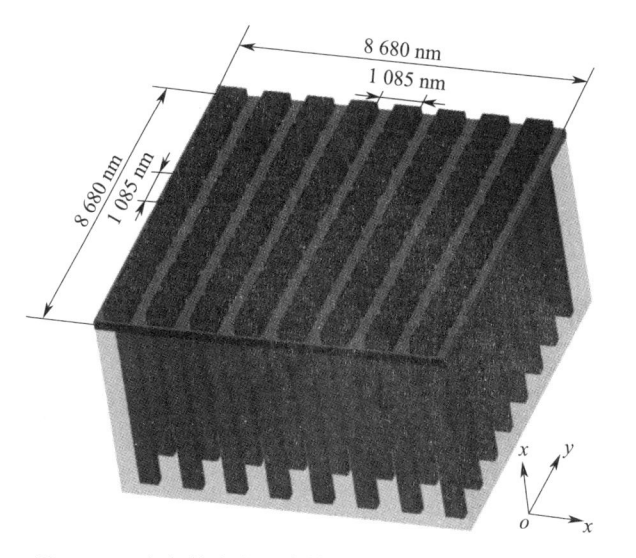

图 1 - 28　底部馈光的混合等离子体激元纳米天线阵列

　　光子集成相控阵除了大规模扩展问题以外，辐射功率也是需要关注的方面。在实际星间激光通信的应用中，由于通信距离大多在几千公里以上，对光相控阵的辐射光功率也提出了较高的要求。经估算，要实现 2 000 km 的星间激光通信，通信速率为 10 Gbit/s 时，至少需要 400 mW 的辐射光功率。然而，由于硅材料具有较强的非线性吸收特性，在硅波导中随着光功率的增加会产生明显的非线性效应，如克尔效应、双光子吸收、四波混频等，这些都会带来很大的损耗。比如，一个典型的 220 nm 高的硅波导所能承受的光功率只有几百毫瓦[38]。为提高硅基光相控阵的功率容限，研究人员提出采用 SiN 材料代替硅材料来降低因光功率太高而引起的非线性效应。与硅波导相比，SiN 波导所承受的最大光功率能够提高 10 倍。然而 SiN 材料的热光系数较低，如果用它做移相器功耗较大，因此其并不适用于做移相器。中国科学院半导体研究所提出了一种 SiN - Si 双层结构的光相控阵[39]，采用 SiN 波导传输高功率的光波，利用硅基移相器对光的相位进行调制，最终实现了高功率的光子集成相控阵。

第 2 章 光天线单元和阵列设计

光天线单元的尺寸和辐射特性对光相控阵具有重要的影响，开展应用于硅基光相控阵的小型化、高效率的天线单元和阵列设计具有重要的意义。本章详细介绍硅基光栅型纳米天线、等离子体激元纳米天线、硅基喇叭形纳米天线以及天线阵列的设计。

2.1 硅基光栅型纳米天线

硅基光栅型天线是光相控阵最为常见的一种天线形式，是基于硅和二氧化硅材料[40]利用折射率周期性变化的光栅结构实现光场辐射的。

2.1.1 硅基弧形光栅纳米天线单元和阵列设计

利用折射率周期变化的光栅结构设计了弧形光栅纳米天线单元，并基于这种天线单元设计了 1×4 个单元 0°相差的天线阵列。下面将详细介绍设计的天线结构和阵列辐射特性。

2.1.1.1 硅基弧形光栅纳米天线单元设计

工作波长为 1 550 nm（193.5 THz）的硅基弧形光栅纳米天线单元结构如图 2 - 1 所示。基于绝缘体上硅晶圆中的硅和二氧化硅层，设计了弧形光栅天线结构[40]。天线单元共有三层结构，如图 2 - 1 所示，底层是厚度为 2 μm 的二氧化硅层，中间是厚度为 0.22 μm 的硅层。为了保护硅层上的光栅和波导结构，在硅层上覆盖了一层 2 μm 厚的二氧化硅。整个天线单元光栅结构的尺寸为 3.36 μm×2.8 μm，光栅天线由 5 个周期的衍射光栅组成，第一个周期的光栅凹槽深度为 0.15 μm（浅刻蚀），宽度为 0.2 μm，第一个光栅凸起的宽度为 0.3 μm。后面 4 个周期的光栅凹槽深度为 0.22 μm（深刻蚀），宽度为 0.55 μm，光栅周期 Λ 为 0.85 μm。光栅的凹槽填充二氧化硅。天线单元与左侧的硅波导相连，光从波导的左侧馈入。第一个周期的光栅凹槽具有与后面四个周期的光栅凹槽不同的宽度和深度，一是为了与硅波导匹配，二是为了使天线单元上下两侧的结构不再对称，增强向上辐射的光场能量。后面四个周期的光栅具有相同的光栅周期，光在远场干涉加强[41]，进而被有效地辐射到自由空间中。

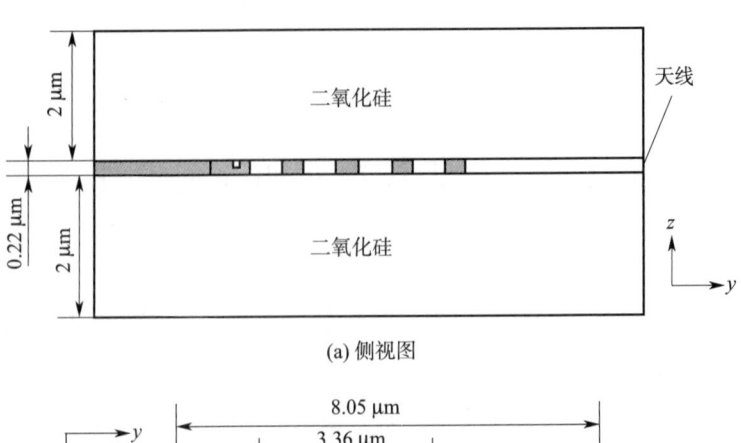

(a) 侧视图

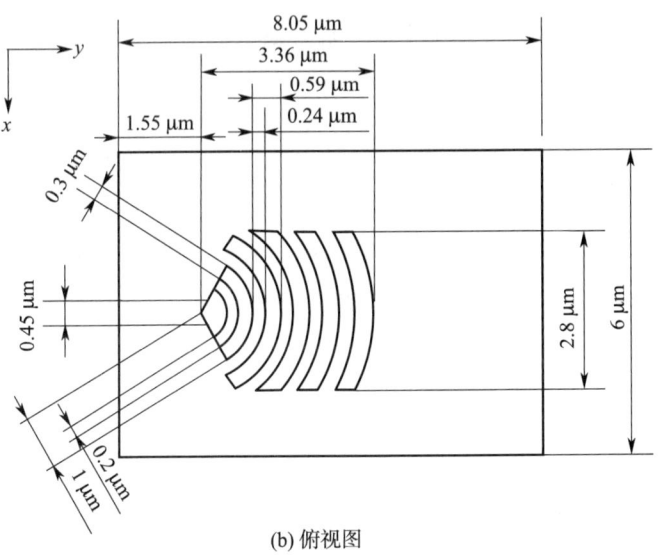

(b) 俯视图

图 2-1　硅基弧形光栅纳米天线单元结构图

如图 2-2 所示，天线单元在包覆层（二氧化硅）的辐射角度 θ_c 与光栅周期 Λ 的关系为

$$n_c \sin\theta_c = n_e - \frac{\lambda_0}{\Lambda} \qquad (2-1)$$

式中　n_c——包覆层的折射率；

　　　n_e——光栅的有效折射率；

　　　λ_0——真空中的波长。

根据斯涅耳定律，天线单元在空气中的辐射角度 θ_a 为

$$\theta_a = \sin^{-1}\left(\frac{n_c \sin\theta_c}{n_a}\right) \qquad (2-2)$$

式中　n_a——空气的折射率。

通过改变光栅结构来改变有效折射率 n_e 和光栅周期 Λ，可控制天线单元在空气中的辐射角度 θ_a。

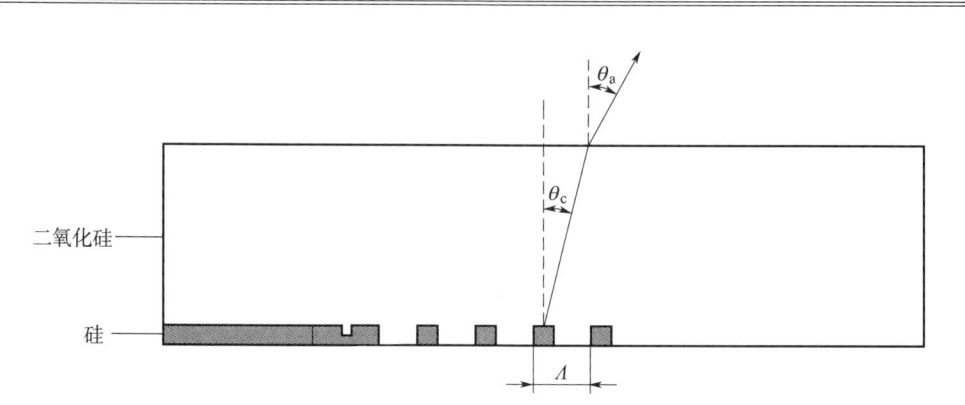

图 2-2 光栅型天线单元的光束辐射示意图

利用三维电磁仿真软件 CST（computer simulation technology）建立如图 2-3 所示的模型进行仿真，分析其辐射特性。设置激励端口在波导左侧，边界条件为吸收边界条件，仿真频率为 187～200 THz，中心频率 193.5 THz（对应波长为 1 550 nm）。仿真得到的回波损耗曲线如图 2-4（a）所示。从图 2-4（a）中可以看出，在中心频率 193.5 THz 处的回波损耗为 −7.4 dB，即有 18% 的输入功率被反射回来，天线单元的匹配特性比较差。这主要是受到天线单元光栅周期 Λ 的影响，即随着 Λ 的增大，天线单元的方向图主瓣与 z 轴的夹角会先减小后增大，同时谐振点降低，匹配变差。远场辐射方向图的俯仰角和方位角分别用 θ 和 φ 表示。图 2-4（b）是 $\varphi = 90°$ 面的二维辐射方向图。天线单元可实现的增益为 10.1 dB，主瓣指向 $\theta = 1°$，$\varphi = 90°$。在 $\theta = 181°$ 位置出现了 1 个较大的副瓣。原因是天线单元上下两侧的结构几乎是对称的，产生了双向辐射。图 2-5（a）和（b）分别是三维辐射方向图在 $x\text{-}o\text{-}z$ 平面和 $y\text{-}o\text{-}z$ 平面的投影，从图 2-5 中可以看到，主瓣和较大的副瓣基本都分布在 $y\text{-}o\text{-}z$ 面内。

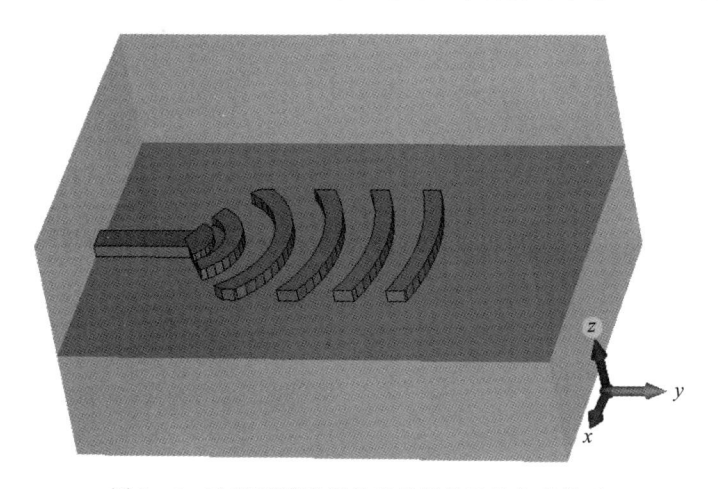

图 2-3 硅基弧形光栅纳米天线单元的仿真模型

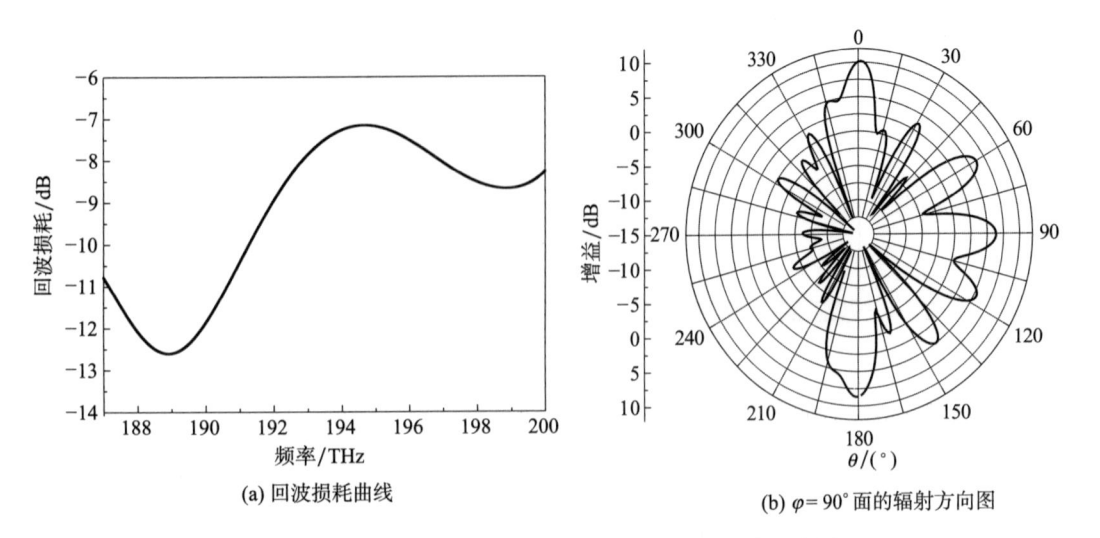

(a) 回波损耗曲线　　　　　　　　(b) $\varphi=90°$ 面的辐射方向图

图 2-4　硅基弧形光栅纳米天线的回波损耗及辐射方向图

　　由于硅和二氧化硅材料对波长为 1 550 nm 的光的吸收损耗非常小，因此可以认为入射到波导端口的能量除了反射损耗之外，其余都辐射到了自由空间中，即辐射效率达到 82%。仿真结果表明，天线单元利用折射率周期变化的光栅结构能将波导中的光有效地辐射到自由空间中。

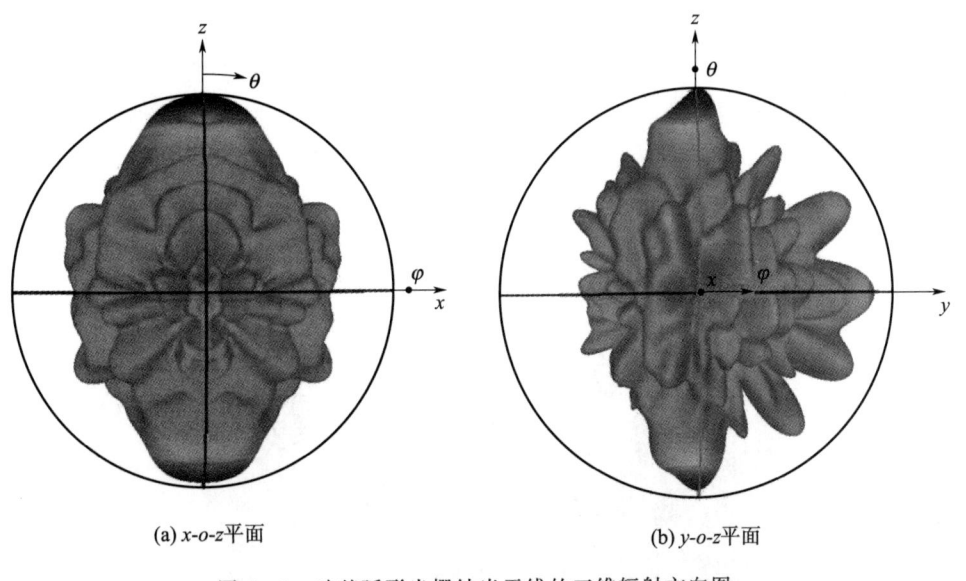

(a) x-o-z 平面　　　　　　　　　(b) y-o-z 平面

图 2-5　硅基弧形光栅纳米天线的三维辐射方向图

　　按照代工厂提供的工艺设计包（process design kit，PDK），在 L-Edit 软件中绘制了天线单元的完整光路版图，如图 2-6 所示。利用光栅耦合器将光纤中的光耦合到波导中，再经波导由光天线单元将光辐射到自由空间中。图 2-7（a）和（b）分别展示了弧形光栅纳米天线单元设计版图和加工得到的扫描电子显微镜（scanning electron microscopy，SEM）照片，加工的天线单元与设计基本相符。

图 2-6　硅基弧形光栅纳米天线单元完整光路版图

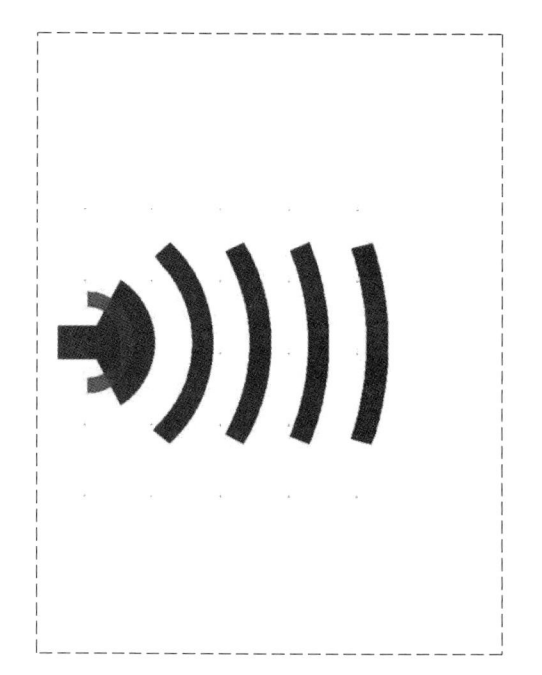

(a) 设计版图

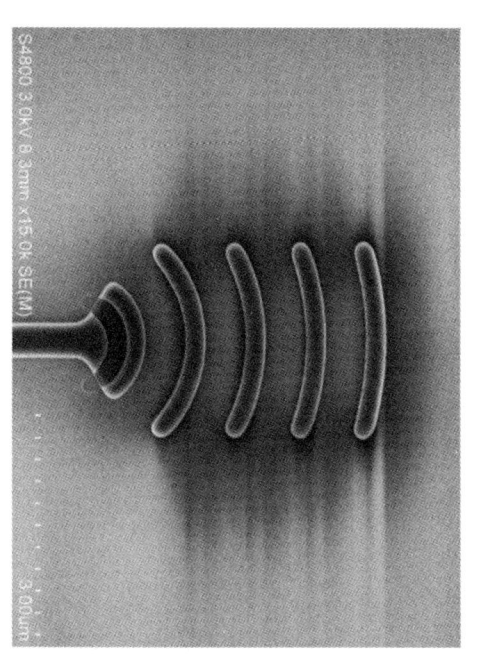

(b) 扫描电子显微镜照片

图 2-7　硅基弧形光栅纳米天线单元

2.1.1.2　硅基弧形光栅天线阵列设计

为了获得图 2-1 所示的弧形光栅纳米天线单元的组阵性能，基于此天线单元设计了 0°相差 1×4 阵元阵列，阵元间距 3.1 μm（$2\lambda_0$），尺寸为 48 μm×16 μm。天线阵列的结构共有三层，底层二氧化硅的厚度是 2 μm，光功率分配网络和天线单元设计在中间的硅层上，硅层的厚度是 0.22 μm，顶层二氧化硅的厚度为 2 μm。光从左侧的波导端口馈入，利用 2 级级联的 1×2 MMI 功分器将光平均分配到 4 个天线单元，使天线单元获得等幅同相的激励。

建立如图 2-8 所示的模型进行仿真，光从左侧的波导端口馈入。仿真得到回波损耗曲线如图 2 - 9（a）所示，在 187～200 THz 的频率范围内，回波损耗小于 -10 dB。
图 2 - 9（b）是 $\varphi = 90°$ 面的二维辐射方向图，从图 2 - 9（b）中可以看出，该阵列可实现增益为 13.1 dB。

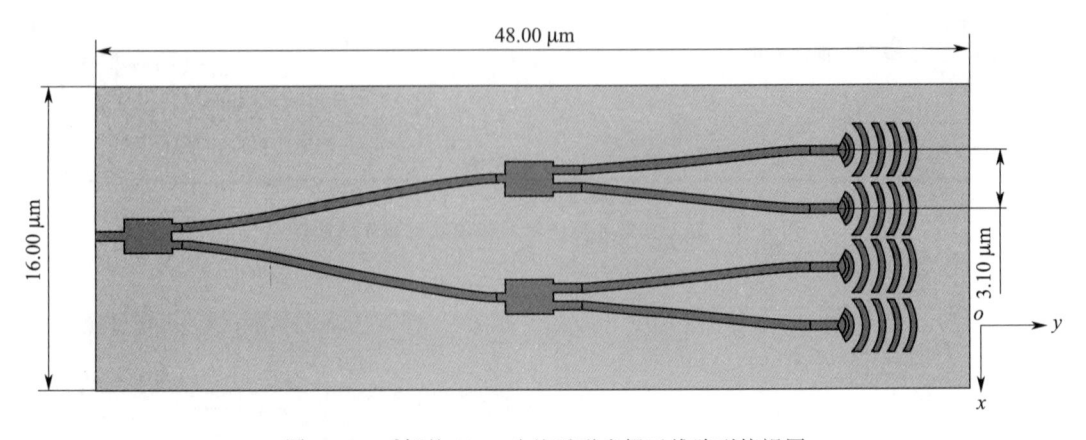

图 2 - 8　0°相差 1×4 硅基弧形光栅天线阵列俯视图

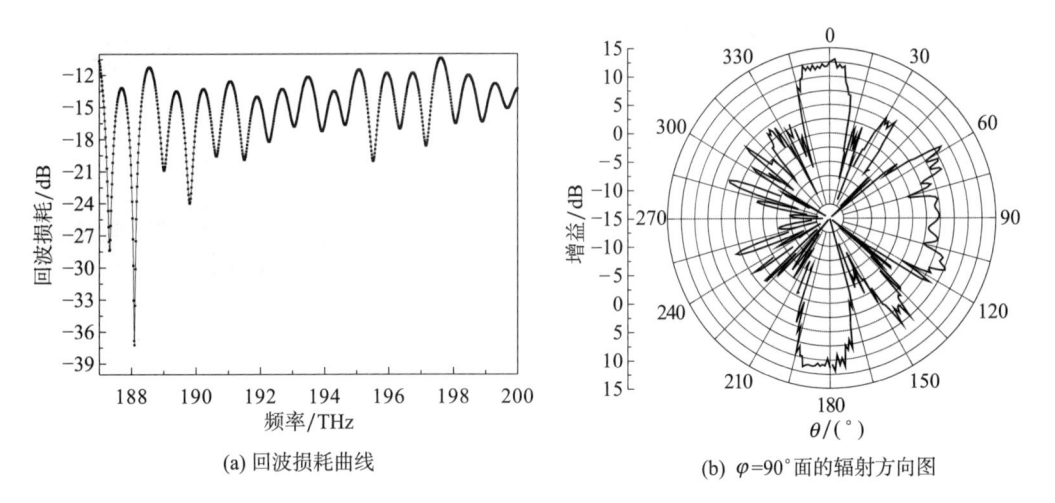

(a) 回波损耗曲线　　　　　　　　(b) $\varphi=90°$ 面的辐射方向图

图 2 - 9　1×4 硅基弧形光栅天线阵列的回波损耗及辐射方向图

　　仿真得到三维辐射方向图在 x-o-z 平面和 y-o-z 平面的投影分别如图 2 - 10（a）和图 2 - 10（b）所示。天线阵列的方向图符合方向图乘积定理[42]，即

$$E(\theta,\varphi)=S(\theta,\varphi) \times F_a(\theta,\varphi) \tag{2-3}$$

　　方向图乘积定理用来描述单元和阵列方向图的关系，其中 $E(\theta,\varphi)$ 为天线阵列的方向图函数，$S(\theta,\varphi)$ 为天线单元的方向图函数，$F_a(\theta,\varphi)$ 为阵因子，由单元数目和单元排布决定。光相控阵扫描角公式为

$$kd\sin\theta_s = \Delta\varphi \tag{2-4}$$

式中　θ_s——天线单元辐射方向和 z 轴的夹角；

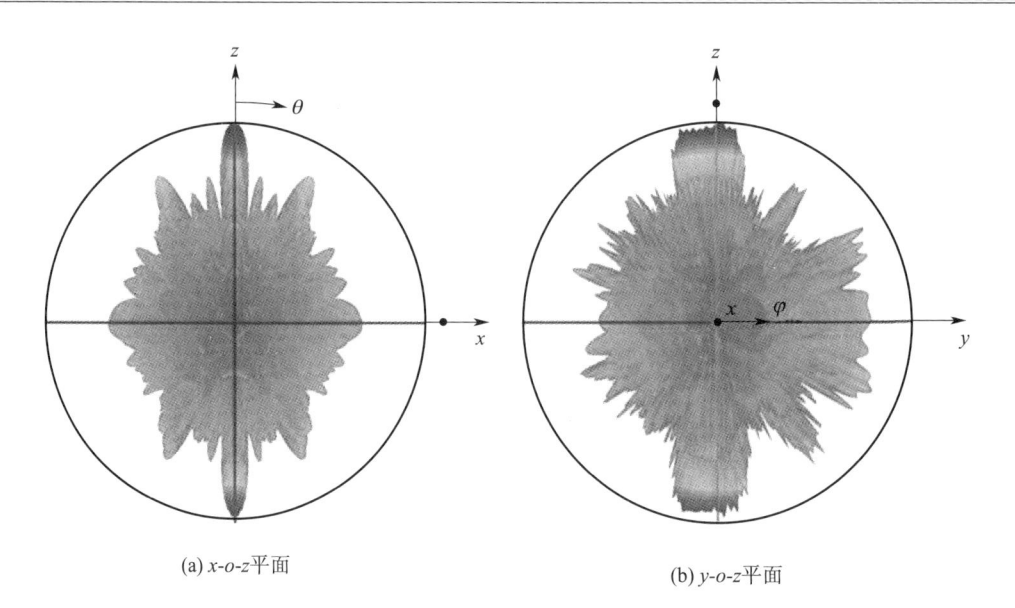

(a) x-o-z 平面　　　　　　　　　　　　(b) y-o-z 平面

图 2-10　1×4 硅基弧形光栅天线阵列的三维辐射方向图

$\Delta\varphi$ ——天线单元之间的相位差；

d ——阵元间距，$d = 2\lambda_0$。

图 2-11 给出了 1×4 硅基弧形光栅天线阵列的完整光路设计版图，光通过左侧的光栅耦合器耦合到波导中，经右侧的天线阵列辐射。天线阵列的扫描电子显微镜照片如图 2-12 所示。

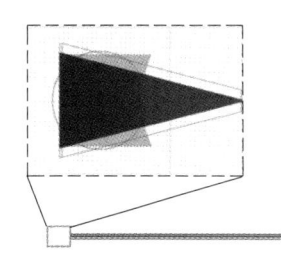
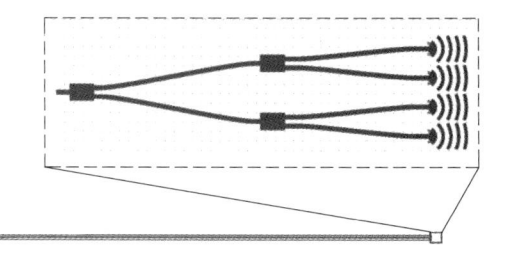

图 2-11　0°相差 1×4 硅基弧形光栅天线阵列的完整光路设计版图

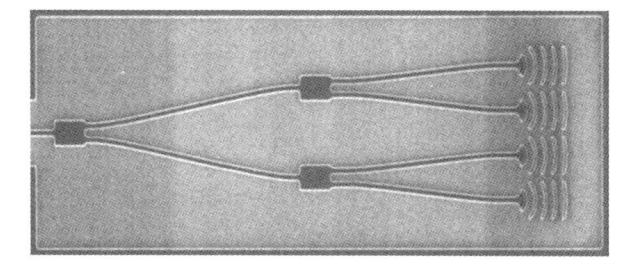

图 2-12　0°相差 1×4 硅基弧形光栅天线阵列扫描电子显微镜照片

为了研究如图 2-1 所示的硅基弧形光栅纳米天线单元组成的 1×4 阵列的波束扫描特性，通过引入热光移相器调节相位，设计了基于硅基弧形光栅纳米天线的 1×4 硅基光相控阵（单元间距为 $2\lambda_0$），版图如图 2-13 所示。经过加工得到的天线阵列的扫描电子显微镜照片如图 2-14 所示。光纤中的光投射到光栅耦合器上，由光栅耦合器耦合到波导中，经过 2 级 1×2 MMI 功分器组成的光功率分配网络将功率平均分为 4 路，对每一路波导中传输光都利用一个单独的热光移相器来控制相位，使每两条相邻波导中传输的光之间产生相同的相位差，最后通过天线阵列辐射出去。4 个天线单元辐射的光在远场干涉加强，实现波束扫描功能。

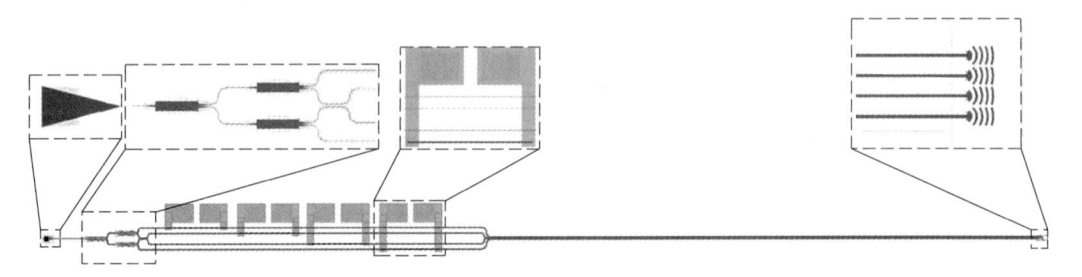

图 2-13　基于硅基弧形光栅纳米天线的 1×4 硅基光相控阵设计版图

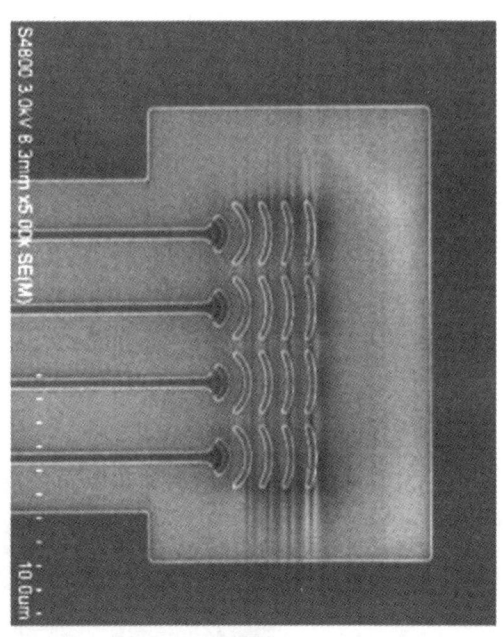

(a) 设计版图　　　　　　　　　　　　(b) 扫描电子显微镜照片

图 2-14　1×4 硅基弧形光栅纳米天线阵列

对 1×4 天线阵列进行仿真，仿真频率范围为 $187\sim200$ THz。激励端口设置在与每个天线单元相连的波导左侧端口，仿真过程中单独控制每个激励端口的相位，使端口之间的相位差从 $-180°$ 增加到 $+180°$，经仿真得到 $1×4$ 天线阵列沿着阵列排布方向的扫描方向图如图 2-15 所示。仿真结果表明，随着天线单元辐射光之间的相位差 $\Delta\varphi$ 绝对值的增大，扫描角度增大，增益降低，波束展宽，当 $\Delta\varphi = \pm180°$ 时可达到 $\pm14.0°$ 的扫描范围。

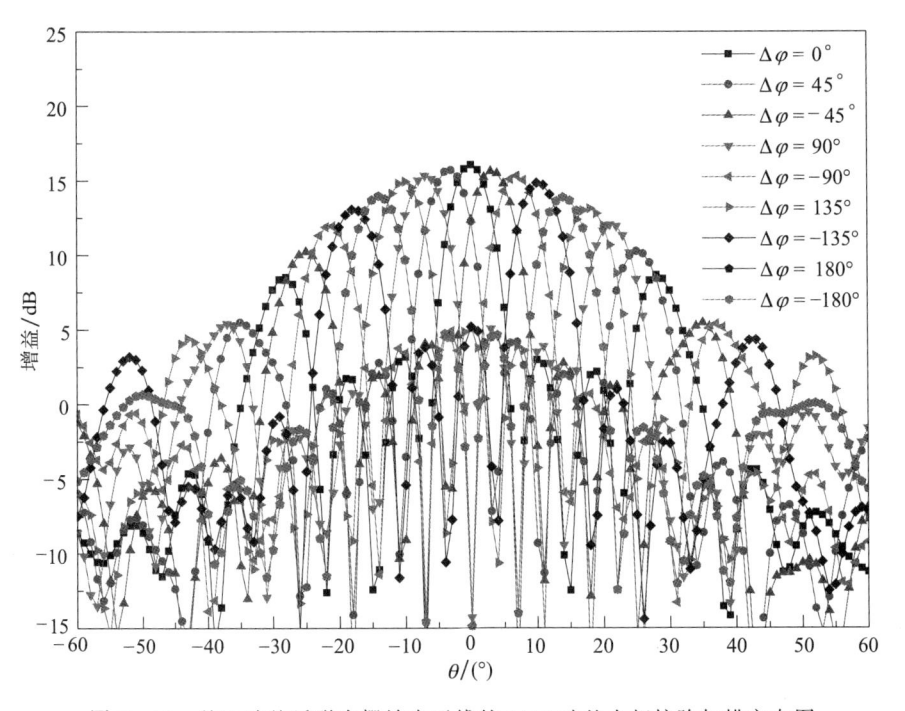

图 2-15　基于硅基弧形光栅纳米天线的 $1×4$ 硅基光相控阵扫描方向图

2.1.2　小型化硅基直光栅纳米天线单元和阵列设计

　　天线单元的小型化能够减小天线阵列中阵元间距，可扩大天线阵列的扫描范围。本节设计了小型化直光栅纳米天线单元，减小了天线的横向尺寸（沿 x 轴方向），与 2.1.1 节中的弧形光栅纳米天线相比面积减小约 50%，仿真结果表明匹配特性得到改善，增益基本相同。

2.1.2.1　小型化硅基直光栅纳米天线单元设计

　　由于图 2-1 所示的弧形光栅沿着 x 方向的边缘辐射光的能量比较低，天线单元效率不高。基于直光栅的结构，通过减小沿着 x 方向的尺寸，可得到一种小型化硅基直光栅纳米天线单元。图 2-16 是直光栅纳米天线单元结构图，天线单元光栅区域的尺寸为 4.39 $\mu m × 1.5$ μm，包含 5 个周期的直光栅，比图 2-1 所示的弧形光栅纳米天线单元面积减少约 50%。天线单元共由三层组成，底层二氧化硅厚度为 2 μm，中间硅层的

厚度为 $0.22\ \mu m$，顶层二氧化硅的厚度为 $2\ \mu m$，在硅层上设计天线结构。天线单元中第一个周期的光栅周期是 $0.53\ \mu m$，凹槽的深度为 $0.15\ \mu m$，宽度为 $0.26\ \mu m$，其余四个周期的光栅周期是 $0.84\ \mu m$，凹槽的深度为 $0.22\ \mu m$，宽度为 $0.56\ \mu m$。光栅周期和占空比影响着方向图主瓣和副瓣的增益和方向，当光栅周期增大时，主瓣与 z 轴的夹角 θ 将会增大，但是幅度会波动。第一个周期的光栅用于调节天线和波导之间的匹配，后面四个周期的光栅用来调节天线单元的辐射方向。

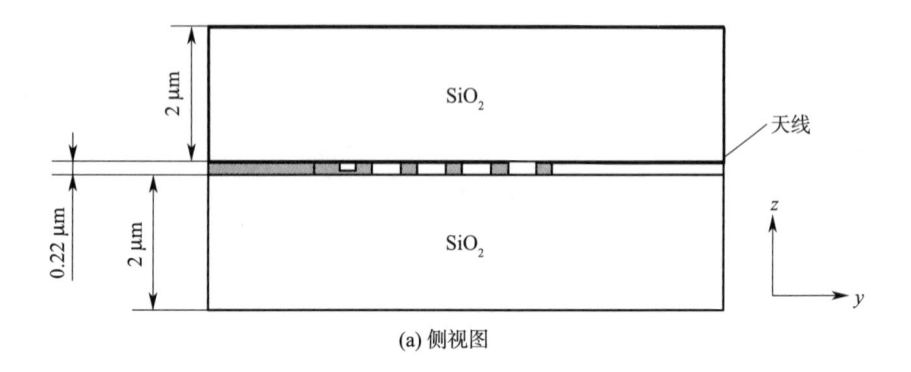

(a) 侧视图

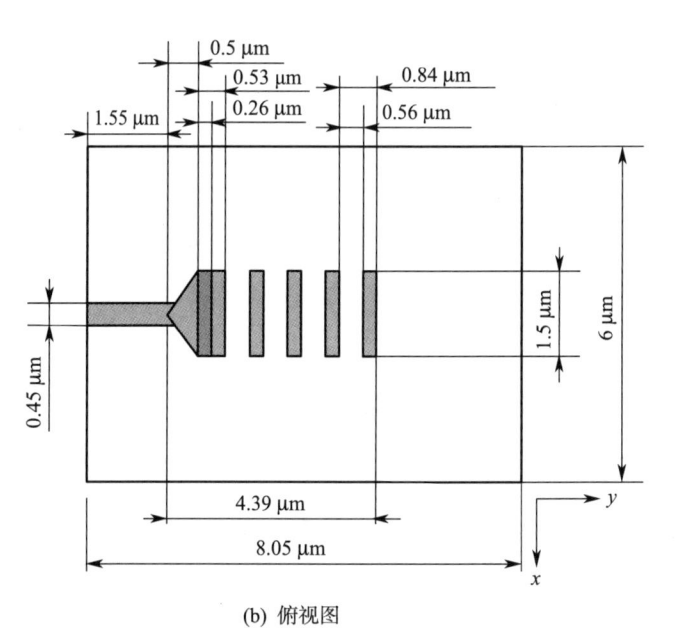

(b) 俯视图

图 2-16　硅基直光栅纳米天线单元结构图

上述硅基直光栅纳米天线单元的仿真模型如图 2-17 所示，光从左侧的波导端口馈入。经过仿真得到如图 2-18（a）所示的回波损耗曲线，从图 2-18（a）中可以看出，在 187～200 THz 的范围内，回波损耗小于 −12 dB，匹配特性要优于图 2-1 的模型。图 2-18（b）为 $\varphi = 90°$ 面上的辐射方向图，天线单元可实现增益为 10.2 dB，指向 $\theta = 351°$，$\varphi = 90°$ 的方向。方向图中同样存在两个与主瓣幅度相近的副瓣，与图 2-1

的模型相似，这是光栅型天线单元所特有的。其中，向下辐射的副瓣是由于天线单元上下结构的对称性造成的双向辐射。向右辐射的副瓣增益大小主要与光栅周期的数目有关，光栅周期数目越多，主瓣和双向辐射产生的副瓣增益越大，光栅向上和向下辐射的能量越多，向右辐射的能量越小，副瓣越小。

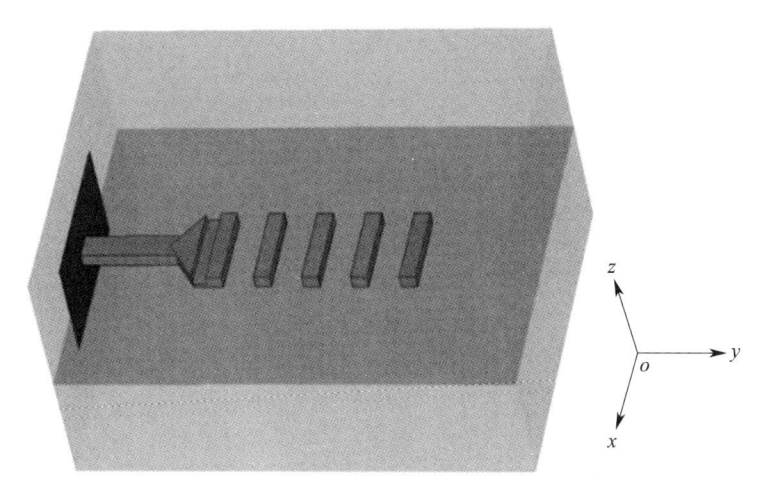

图 2 - 17　硅基直光栅纳米天线单元的仿真模型

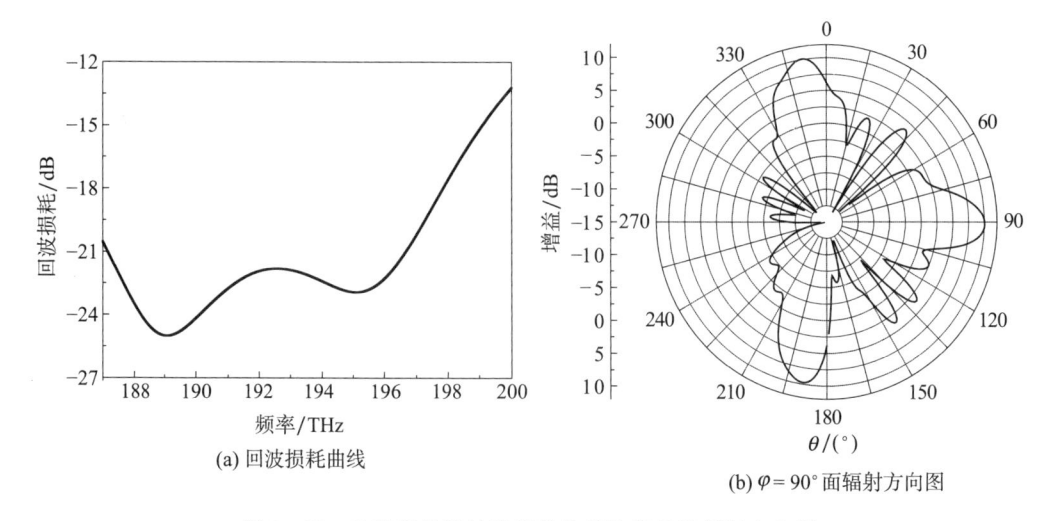

(a) 回波损耗曲线

(b) $\varphi = 90°$ 面辐射方向图

图 2 - 18　硅基直光栅纳米天线的回波损耗及辐射方向图

图 2 - 19（a）和（b）分别是三维辐射方向图在 x - o - z 平面和 y - o - z 平面的投影，从图 2 - 19 中可以看出，主瓣和较大的副瓣基本都分布在 y - o - z 面内，与光栅的排布方向相同。

利用 L - Edit 软件绘制如图 2 - 20（a）所示的天线单元版图，并对天线单元进行流片加工，加工天线的扫描电子显微镜照片如图 2 - 20（b）所示。

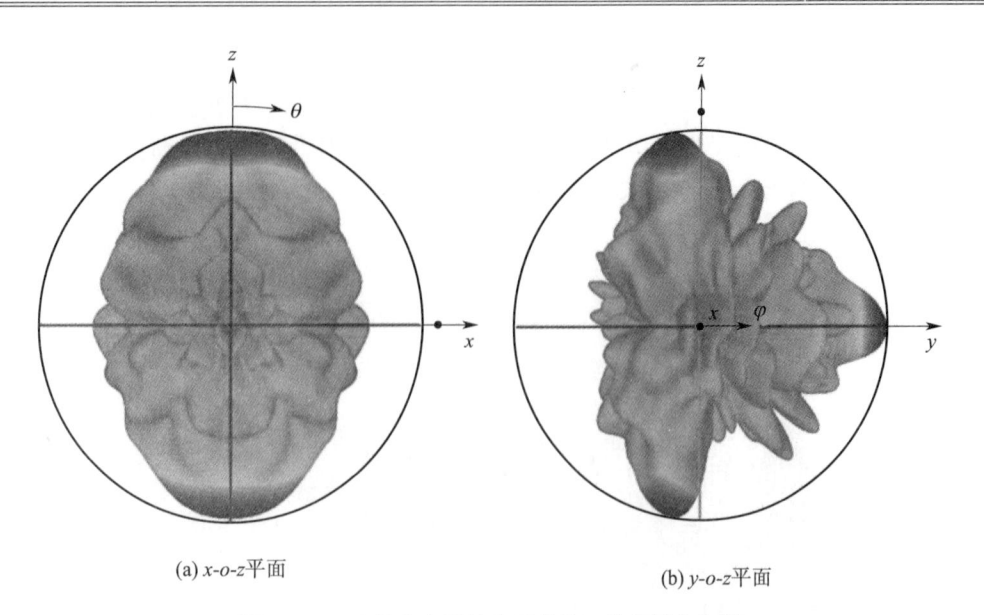

(a) x-o-z平面　　　　　　　　　　　　　(b) y-o-z平面

图 2 - 19　硅基直光栅纳米天线的三维辐射方向图

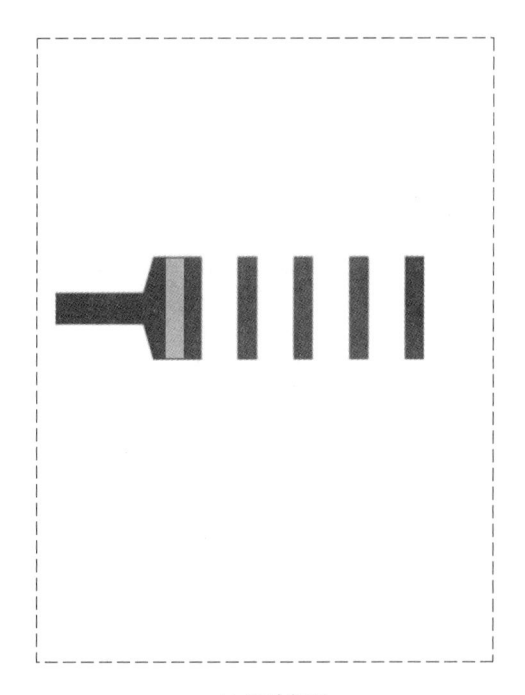
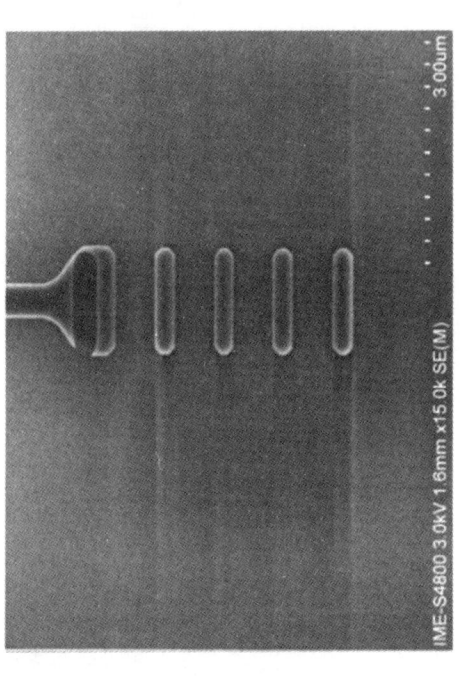

(a) 设计版图　　　　　　　　　　　　　(b) 扫描电子显微镜照片

图 2 - 20　硅基直光栅纳米天线单元

　　该天线单元利用折射率周期变化的直光栅结构，降低了尺寸，将波导中传输的光有效地辐射到自由空间中。

2.1.2.2　小型化硅基直光栅天线阵列设计

为研究图 2 - 16 所示的天线单元的组阵性能，设计了俯视图如图 2 - 21 所示的 0°相差 1×4 阵列（单元间距为 1.2λ₀）。阵列利用 2 级级联的 1×2 MMI 功分器和波导组成的光功率分配网络，使每个天线单元获得等幅同相的激励。建立模型进行仿真，得到如图 2 - 22（a）所示的回波损耗曲线，从图 2 - 22（a）中可以看出，在 187～200 THz 的范围内回波损耗小于 -10 dB。图 2 - 22（b）是 $\varphi = 90°$ 面的二维辐射方向图，阵列可实现的增益为 12.4 dB。

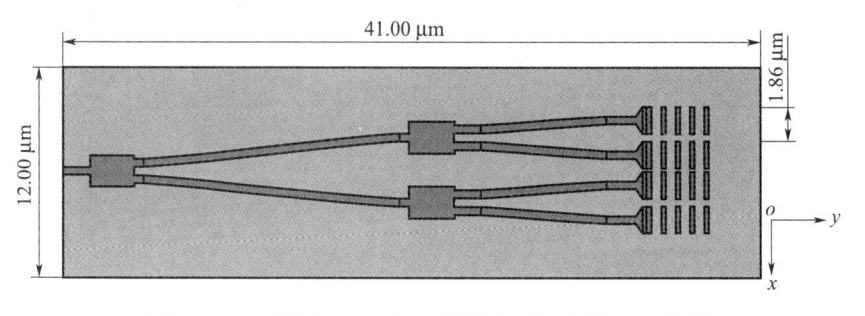

图 2 - 21　0°相差 1×4 硅基直光栅纳米天线阵列俯视图

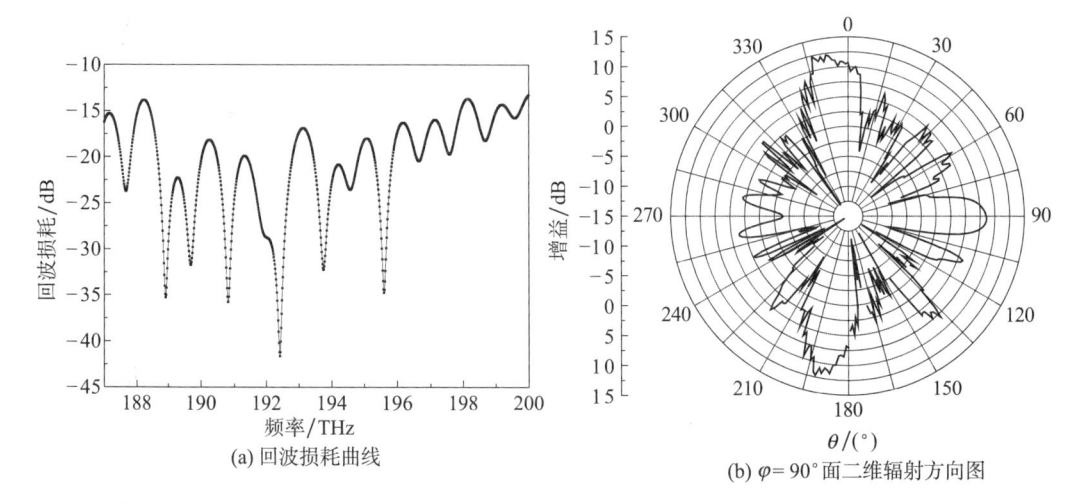

（a）回波损耗曲线　　　　　（b）$\varphi = 90°$ 面二维辐射方向图

图 2 - 22　0°相差 1×4 硅基直光栅纳米天线阵列的回波损耗及辐射方向图

图 2 - 23（a）和（b）分别是 0°相差 1×4 硅基直光栅纳米天线阵列的三维辐射方向图在 x-o-z 平面和 y-o-z 平面的投影，相比图 2 - 10 中弧形光栅天线阵列的三维辐射方向图，由于天线单元间距小，主瓣两侧的副瓣也比较小，因此该小型化的天线单元可以有效地降低天线阵列的副瓣。在 L - Edit 软件中设计如图 2 - 24 所示的 0°相差 1×4 硅基直光栅纳米天线阵列的完整光路设计版图，并对其进行流片加工。天线阵列的扫描电子显微镜照片如图 2 - 25 所示。

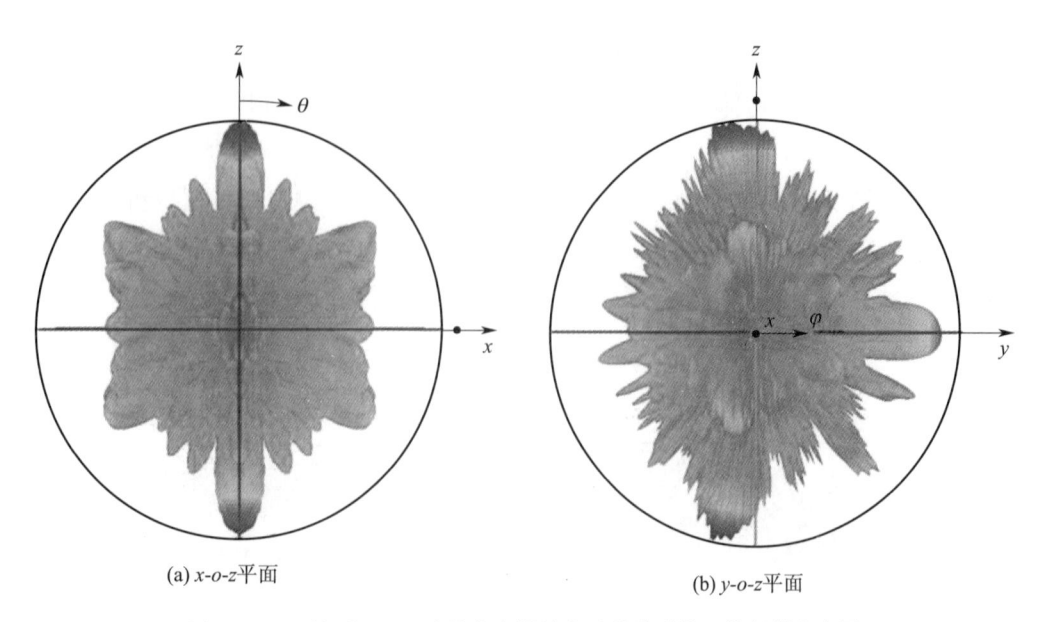

(a) x-o-z平面　　　　　　　　　　　　(b) y-o-z平面

图 2 - 23　0°相差 1×4 硅基直光栅纳米天线阵列的三维辐射方向图

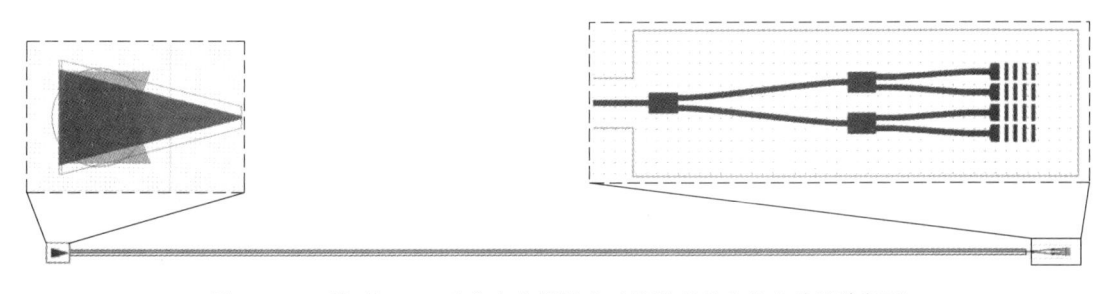

图 2 - 24　0°相差 1×4 硅基直光栅纳米天线阵列的完整光路设计版图

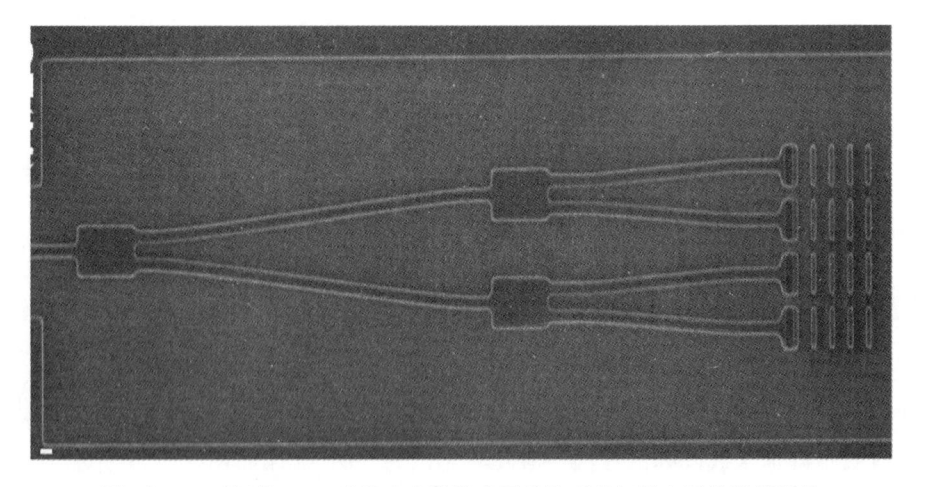

图 2 - 25　0°相差 1×4 硅基直光栅纳米天线阵列的扫描电子显微镜照片

　　为了验证图 2-16 所示的小型化直光栅纳米天线单元组成的阵列的一维波束扫描特性，设计了基于直光栅纳米光天线的 1×4 硅基光相控阵（单元间距为 $2\lambda_0$），版图如图 2-26 所示，经过加工得到的天线阵列的版图如图 2-27 所示。除天线单元外，其结构及仿真设置与图 2-13 所示的模型相同。利用 CST 研究阵列的一维波束扫描特性，仿真得到图 2-28 所示的基于直光栅纳米天线的 1×4 硅基光相控阵的扫描方向图。随着天线单元辐射光之间的相位差 $\Delta\varphi$ 绝对值的增大，扫描角度增大，增益降低，波束展宽，实现了 ±14.0° 的扫描范围。经过流片加工，天线阵列版图及其扫描电子显微镜照片如图 2-27（a）和（b）所示。

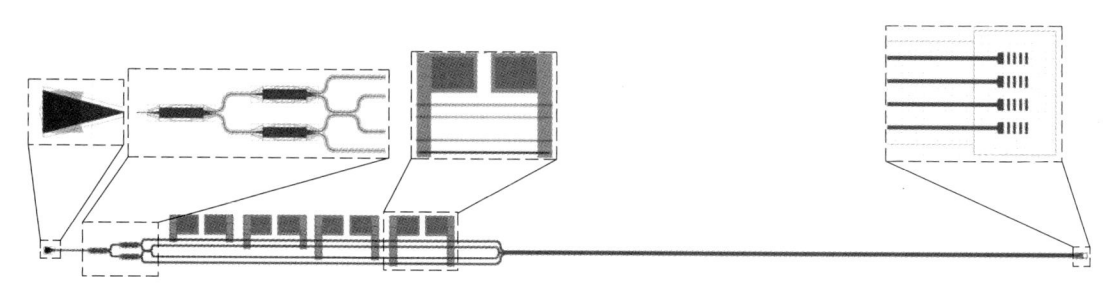

图 2-26　基于直光栅纳米天线的 1×4 硅基光相控阵设计版图

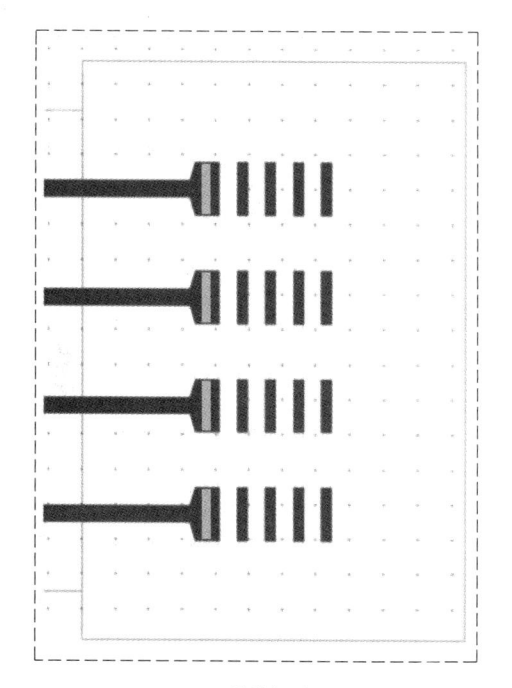

(a) 设计版图

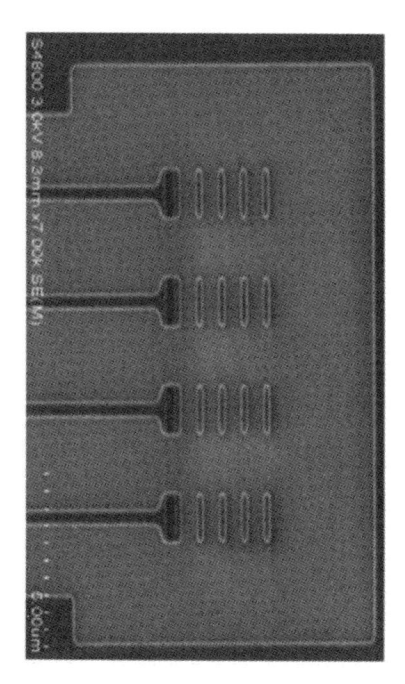

(b) 扫描电子显微镜照片

图 2-27　1×4 直光栅纳米天线阵列

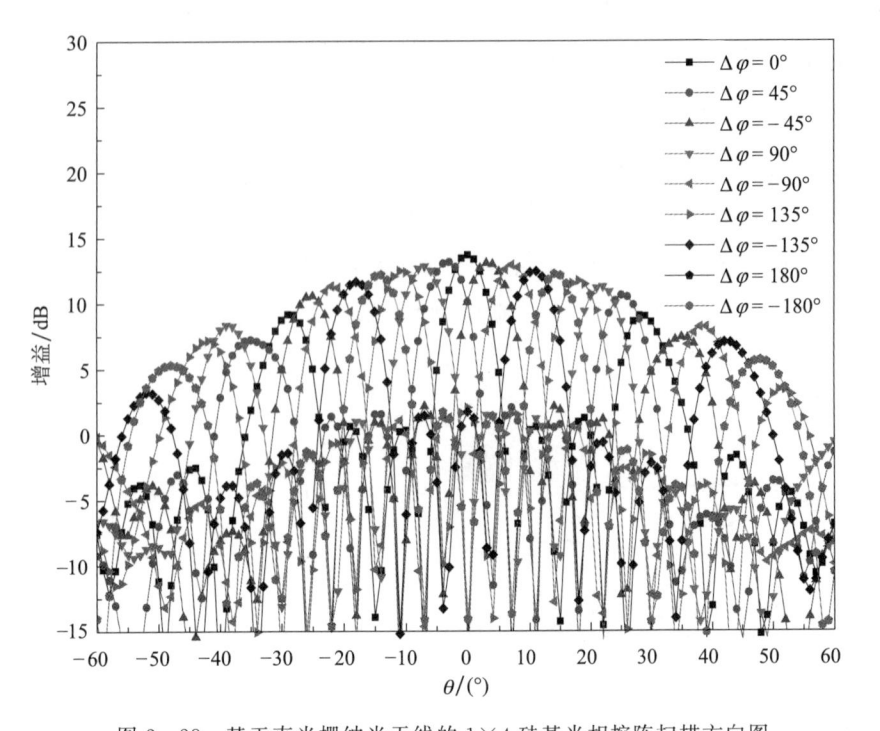

图 2-28　基于直光栅纳米天线的 1×4 硅基光相控阵扫描方向图

2.1.3　抑制双向辐射的天线单元设计

双向辐射是硅基光栅型天线中普遍存在的问题，本节通过在弧形光栅和直光栅纳米天线下方设计反射光栅（reflection grating，RG）结构，实现双向辐射抑制。

图 2-29 为加反射光栅的弧形光栅光天线结构示意图，与波导相连的是辐射光栅，第一个光栅凹槽的深度为 0.15 μm，后面四个光栅的周期为 0.72 μm，凹槽宽度为 0.45 μm，深度为 0.22 μm。天线从上到下共分为五层，三层二氧化硅由两层 0.22 μm 厚的硅隔开，在上面的硅层上设计辐射光栅和波导，在下面的硅层上设计反射光栅，光栅周期为 0.91 μm，光栅凸起的宽度为 0.49 μm，高度 0.22 μm。辐射光栅和反射光栅的凹槽填充二氧化硅。利用反射光栅将辐射光栅向下辐射的光向上反射，在抑制双向辐射的同时，提高了天线增益。

仿真时设置激励在波导左侧的端口，边界条件为吸收边界条件，仿真频段为 170～220 THz，中心频率为 193.5 THz。与没有加反射光栅的模型对比，得到如图 2-30 所示的回波损耗曲线。从图 2-30 中可以看出，加上反射光栅前后，反射损耗基本相同，带宽几乎没有损失。

图 2-31 给出了 $\varphi = 90°$ 面二维辐射方向。从图 2-31 中可以看出，加上反射光栅后，在俯仰角 θ 为 203° 处由双向辐射产生的副瓣从 9.7 dB 降低到了 −0.7 dB，主瓣的

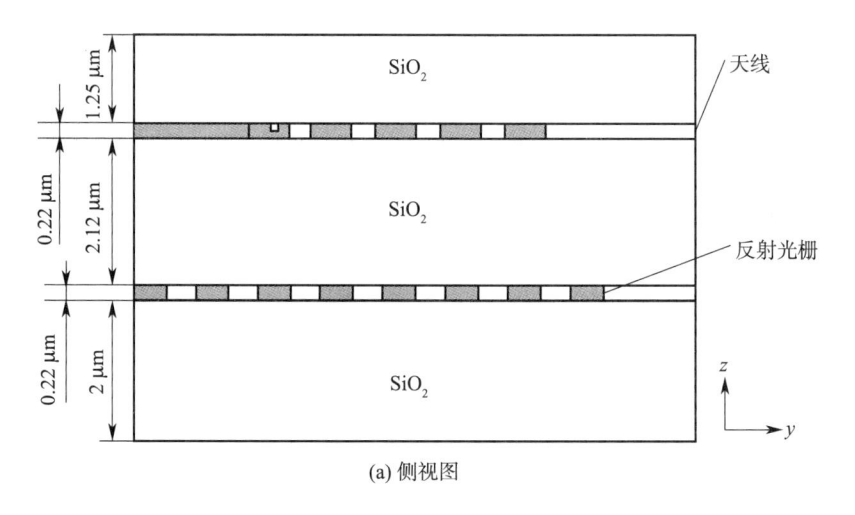

(a) 侧视图

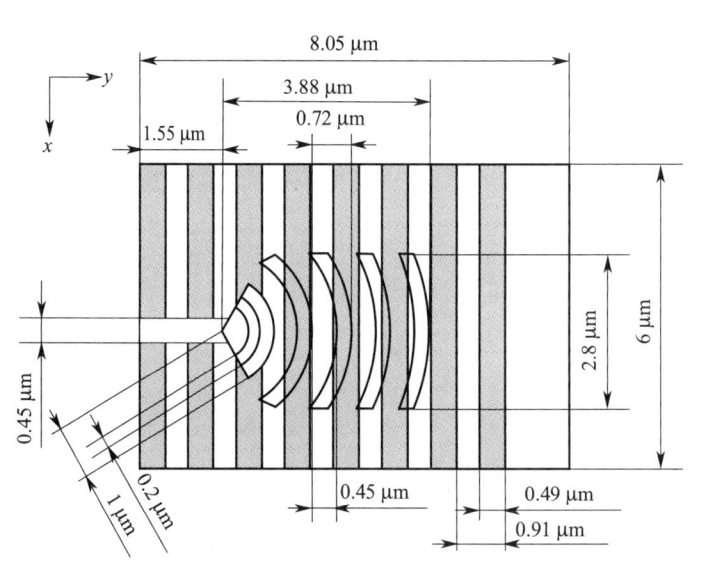

(b) 俯视图

图 2 - 29　加反射光栅的弧形光栅光天线结构图

增益从 12.4 dB 提高到 14.7 dB，实现了将向下辐射的光反射上去并加强了向上辐射的效果。加上反射光栅后主瓣的方向基本未发生改变。

图 2 - 32（a）和（b）分别是不加反射光栅的弧形光栅天线单元三维辐射方向图在 x-o-z 平面和 y-o-z 平面的投影，图 2 - 33（a）和（b）分别是加反射光栅的弧形光栅天线单元三维辐射方向图在 x-o-z 平面和 y-o-z 平面的投影。

图 2 - 16 所示的小型化直光栅天线单元还存在两个较大的副瓣。下面将对模型进行改进，将天线单元最后一个光栅凹槽的深度改为 0.15 μm，并在辐射光栅下面增加反射光栅。图 2 - 34 为加反射光栅的小型化直光栅天线单元结构图。天线从上到下共分为五层，三层二氧化硅由两层 0.22 μm 厚的硅隔开，在上面一层硅上设计辐射光栅和波

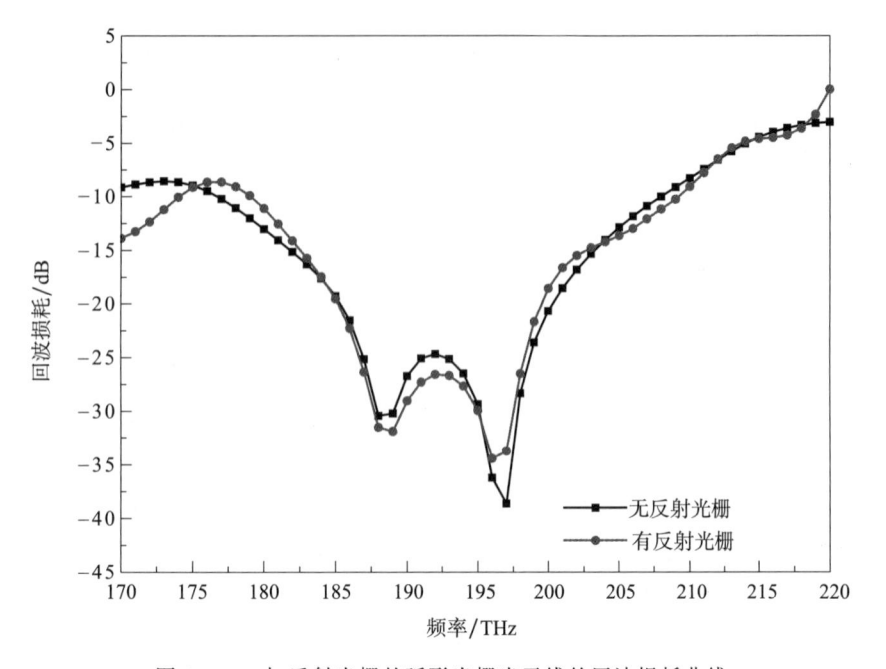

图 2 - 30　加反射光栅的弧形光栅光天线的回波损耗曲线

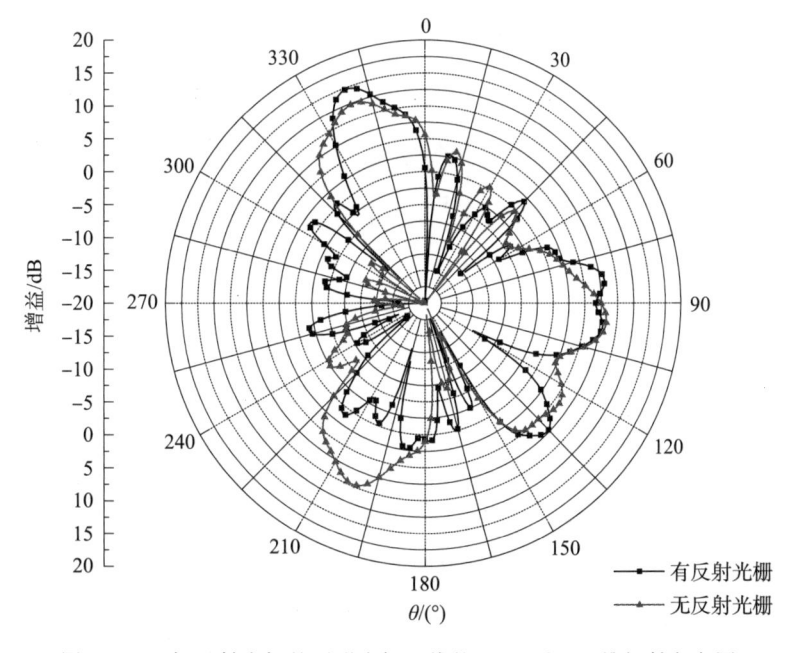

图 2 - 31　加反射光栅的弧形光栅天线的 $\varphi = 90°$ 面二维辐射方向图

导,在下面一层硅上设计反射光栅,辐射光栅和反射光栅的凹槽填充二氧化硅。

　　反射光栅凸起和凹槽的宽度经过优化,此模型中用到了 8 个周期的反射光栅,增加或减少一个周期,都会使主瓣的增益降低,以及沿 y 轴正向的副瓣提高。

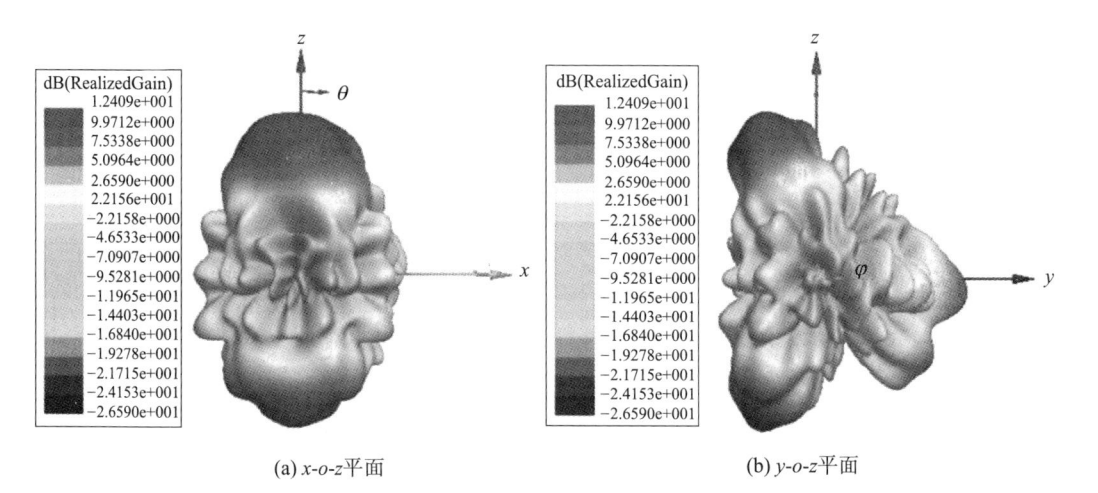

(a) x-o-z 平面　　　　　　　　　　　(b) y-o-z 平面

图 2-32　不加反射光栅的弧形光栅天线单元三维辐射方向图

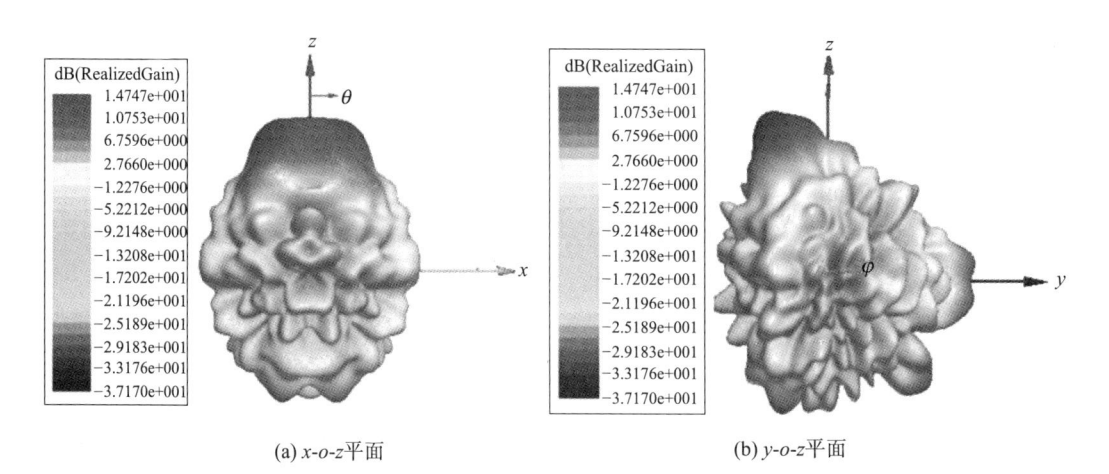

(a) x-o-z 平面　　　　　　　　　　　(b) y-o-z 平面

图 2-33　加反射光栅的弧形光栅天线单元三维辐射方向图

反射光栅上面覆盖的二氧化硅的厚度对天线的主瓣指向和增益有较大的影响，随着二氧化硅厚度的增加，先是主瓣与 z 轴的夹角增大，增益先降低后提高，然后主瓣与 z 轴的夹角减小，增益继续提高到最大值后开始降低。

优化后反射光栅周期为 $0.94~\mu m$，光栅凸起宽度为 $0.45~\mu m$，高度为 $0.22~\mu m$。回波损耗曲线如图 2-35（a）所示，在 $182\sim205~THz$ 的范围内回波损耗小于 $-15~dB$，在中心频率为 $193.5~THz$ 处回波损耗达到 $-22~dB$。图 2-35（b）是 $\varphi=90°$ 面的辐射方向图，天线单元主瓣指向 $\theta=346°$，$\varphi=90°$，增益为 $13.5~dB$，副瓣电平 $-7~dB$。

图 2-36 是加反射光栅的小型化直光栅天线的三维辐射方向图。利用反射光栅降低向下辐射的副瓣的同时，也使方向图出现了更多的副瓣。最后一个光栅凹槽的浅刻蚀使得朝 $+y$ 方向的副瓣降低，但使它附近的副瓣提高了，即把朝 $+y$ 方向的辐射能量分

散到其他方向。该天线通过利用反射光栅，抑制了双向辐射，对最后一个光栅凹槽的浅刻蚀，抑制了朝＋y方向的副瓣。

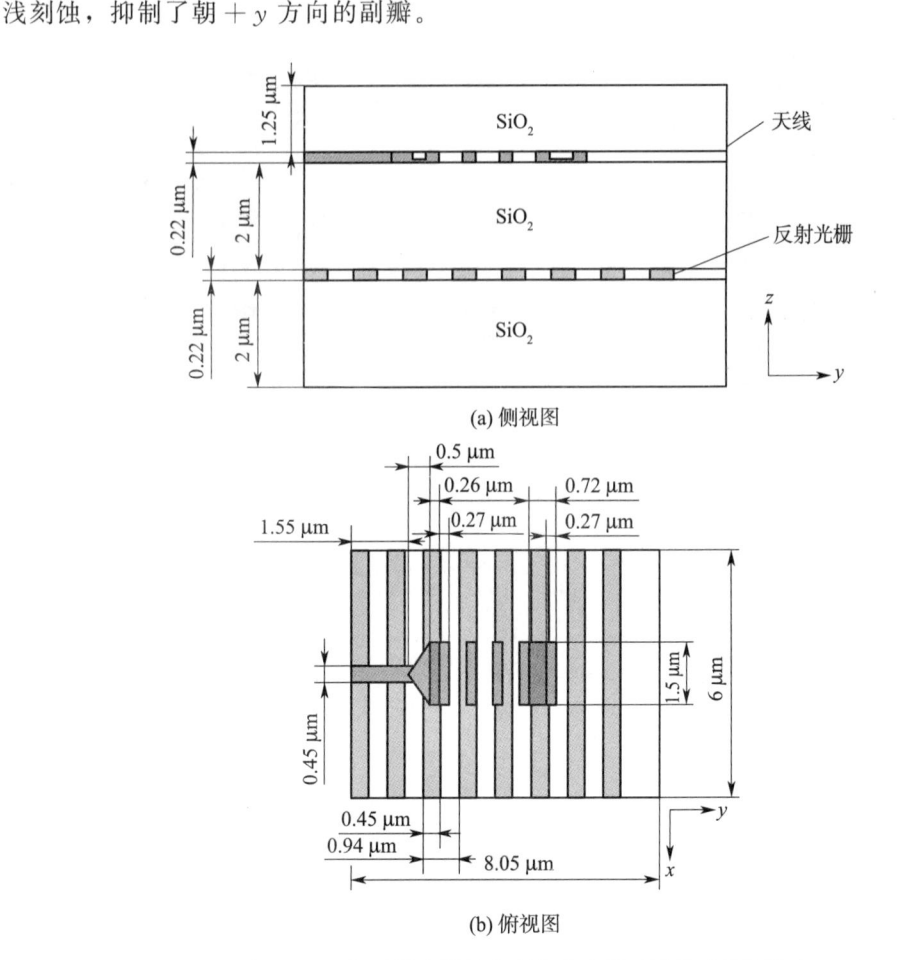

(a) 侧视图

(b) 俯视图

图 2-34　加反射光栅的小型化直光栅天线单元结构图

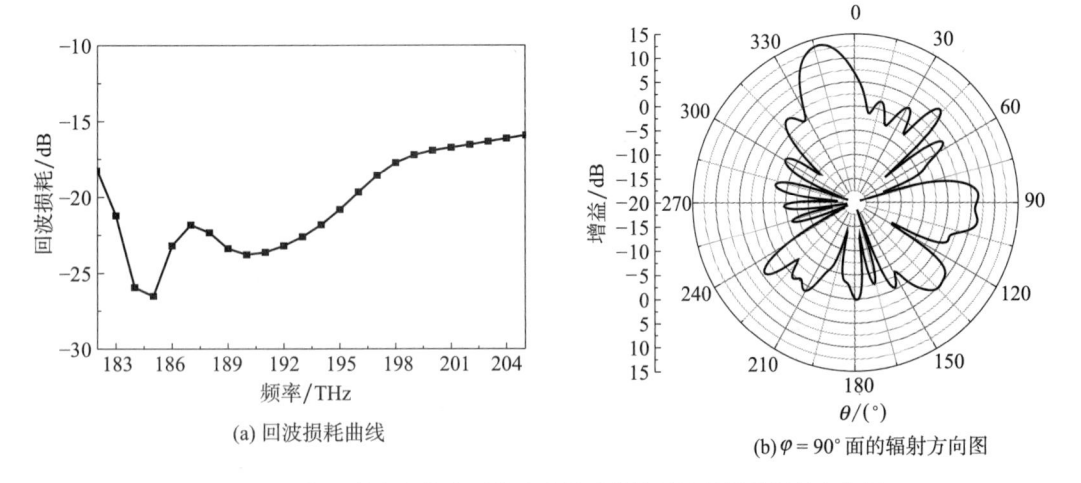

(a) 回波损耗曲线

(b) φ = 90° 面的辐射方向图

图 2-35　加反射光栅的小型化直光栅天线的回波损耗及辐射方向图

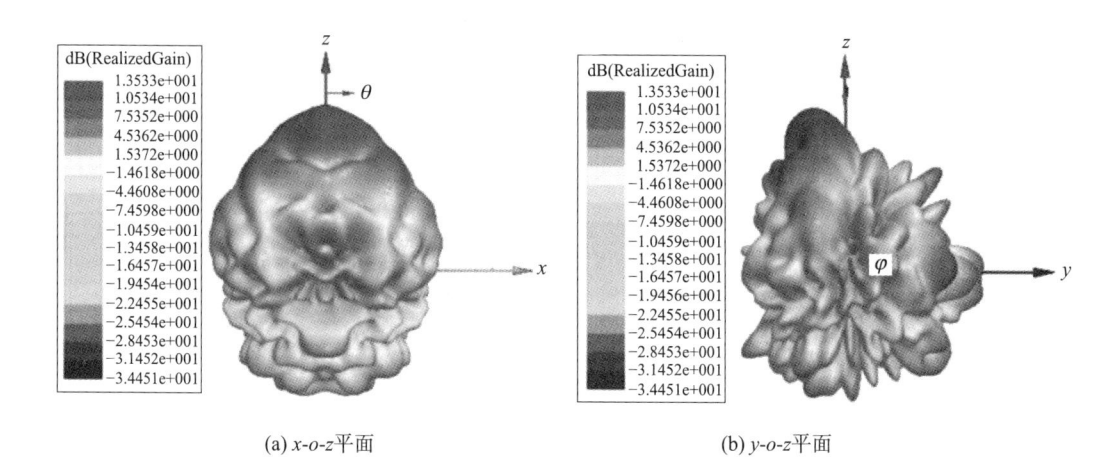

(a) x-o-z平面　　　　　　　　　　　(b) y-o-z平面

图 2 - 36　加反射光栅的小型化直光栅天线三维辐射方向图

通过增加反射光栅结构，弧形光栅纳米天线单元的双向辐射被抑制了 10.4 dB，增益提高了 2.3 dB，直光栅纳米天线单元抑制双向辐射之后，副瓣电平为－7 dB。

2.2　等离子体激元纳米天线

表面等离子体激元（surface plasmon polarition，SPP）是光在金属-电介质界面上感应出的一种特殊的电磁表面波模式[43]。由金属和介质表面的场分布方程可以推导出当金属-电介质表面存在表面等离子体激元时，金属的相对介电常数的实部 $Re[\varepsilon_m]$ 和介质的相对介电常数的实部 $Re[\varepsilon_d]$ 应满足符号相反且 $Re[\varepsilon_m]+Re[\varepsilon_d]<0$。根据金属德鲁德模型，金属的相对介电常数 $\varepsilon_m(\omega)$ 为

$$\varepsilon_m(\omega)=1-\frac{\omega_p^2}{\omega^2+\gamma^2}+i\frac{\gamma}{\omega}\frac{\omega_p^2}{\omega^2+\gamma^2} \tag{2-5}$$

式中　ω ——光的角频率；

　　　ω_p ——金属的等离子体频率；

　　　γ ——电子之间的碰撞频率。

对于金、银、铜等金属，其 ω_p 值都位于紫外光频率范围，且 γ 远小于可见光频率，因此在可见光和红外波段内金属介电常数的实部是一个绝对值很大的负值，而虚部远远小于实部的绝对值。金、银、铜的相对介电常数的实部和虚部与波长的关系分别如图 2 - 37（a）和（b）所示[44]。在 1.55 μm 处，银的相对介电常数的实部为－129，虚部为 3.28，具有较低的损耗，因此银可以被看作一种理想的具有表面等离子体效应的金属。

由于表面等离子体激元独特的表面波特性，它能够将光波约束在空间尺寸远小于

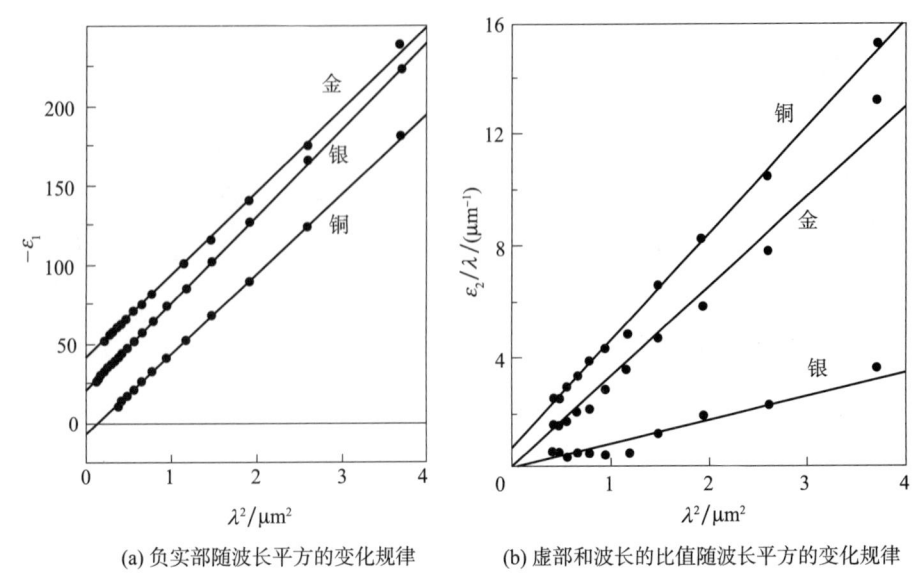

(a) 负实部随波长平方的变化规律　　　　(b) 虚部和波长的比值随波长平方的变化规律

图 2 - 37　铜、银、金的相对介电常数变化规律

其自由空间波长的区域。当金属-电介质界面的等离子体激元不能以波的形式沿界面传播，而是被限制在表面附近，就形成了表面等离子体激元局域化。此时的表面等离子体激元也称作局域表面等离子体激元（localized surface plasmon，LSP）。

基于局域表面等离子体激元的纳米天线单元尺寸在波长量级，与光栅型天线单元（尺寸在几倍到几百倍波长）相比，尺寸大幅度减小，方向图对称性更好。为了使光相控阵的远场辐射方向图不出现栅瓣，天线单元的间距应该小于 1 倍波长。除了天线单元的尺寸要小于 1 倍波长以外，由于光功率分配网络、移相器、衰减器等器件尺寸远大于一个波长，也不能与天线阵列集成在同一平面。综合考虑这两方面的要求，提出了一种具有亚波长尺寸的底馈型等离子体激元纳米天线单元。

2.2.1　等离子体激元纳米天线单元设计

对波长为 1 550 nm 的光，硅和银的吸收损耗非常小，硅波导具有非常低的插入损耗。设计的工作中心波长为 1 550 nm 的等离子体激元纳米天线采用硅和银来产生局域表面等离子体激元，光场被局域在硅和银的表面，产生局域表面等离子体激元共振（localized surface plasmon resonance，LSPR），进而激发很强的辐射场。基于表面等离子体共振，天线单元具有亚波长尺寸，同时利用硅波导从天线单元底部馈光，应用于光相控阵中可以实现亚波长的阵元间距。

图 2 - 38 为底部硅波导馈光的等离子体激元纳米天线单元的结构示意图。天线单元由长方体的硅和银组成，硅的体积为 1.1 μm×1.1 μm×0.2 μm，银的体积为 0.85 μm×

0.625 μm×0.3 μm。天线单元由横截面积为 0.45 μm×0.22 μm 的硅波导从底部馈光，硅波导从银中穿过，连接到顶部的硅。图 2-38（b）所示的俯视图表明，天线单元具有亚波长的尺寸（0.7λ_0×0.7λ_0）。

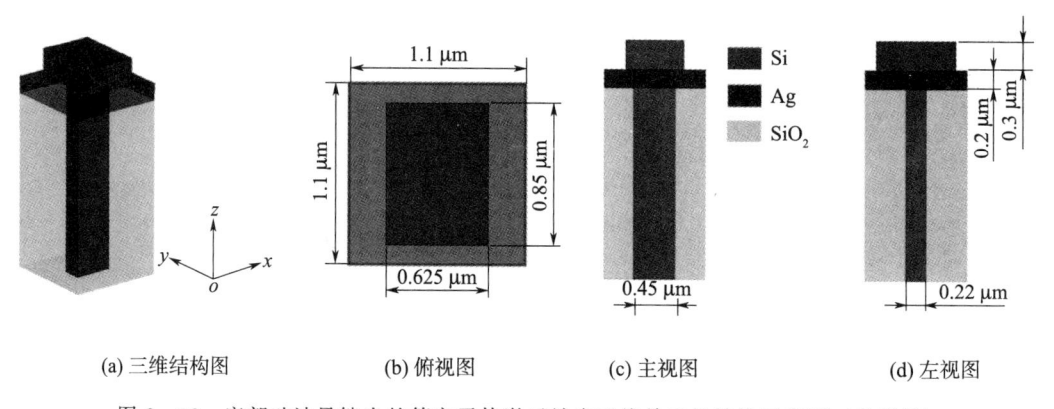

　　(a) 三维结构图　　　　　(b) 俯视图　　　　　(c) 主视图　　　　　(d) 左视图

图 2-38　底部硅波导馈光的等离子体激元纳米天线单元的结构示意图（见彩插）

　　在对天线单元进行建模仿真中，光从硅波导底部的端口馈入，经天线单元辐射到自由空间中。仿真时银的相对介电常数使用文献[44]中的测试数据，在 1 550 nm 波长处，银的相对介电常数为 -129+j3.28。在 1 550 nm 处天线单元和波导中的瞬态电场分布如图 2-39 所示，图 2-39（a）和 2-39（b）分别是 x-o-y 面 [图 2-39（b）中虚线标出的平面] 和 x-o-z 面的瞬态电场强度分布。在图 2-39（b）中可以看到，波导中传输的电场在银和硅的分界面得到增强，表明在银和硅的分界面产生了局域表面等离子体共振。图 2-39（c）和（d）分别是 x-o-y 面 [图 2-39（d）中虚线标出的平面] 和 x-o-z 面的瞬态电场矢量分布。在图 2-39（d）中，在虚线上方两个方框标出的区域中，左侧向上的箭头和右侧向下的箭头表明在 x 方向天线左右两侧电场的相位差约 180°，因此天线单元上方的光场会叠加增强，形成很强的辐射场。

　　在工作中心波长 1 550 nm 处，仿真得到等离子体激元纳米天线的三维辐射方向图如图 2-40 所示。从图 2-40 中可以看出，天线主瓣垂直辐射（沿 z 轴正向），没有产生双向辐射，方向图对称性好。天线增益达到 8.45 dB，辐射效率为 77.2%。

　　图 2-41（a）是等离子体激元纳米天线单元的回波损耗曲线，在频率为 176.7~248.5 THz（即 1 207~1 697 nm）的范围内，回波损耗小于 -10 dB，表明设计的等离子体激元纳米天线单元在 71.8 THz 的宽频带范围内与硅波导相兼容，具有更好的匹配特性。图 2-41（b）是天线单元在中心频率 193.5 THz 处，x-o-z（$\varphi=0°$）和 y-o-z（$\varphi=90°$）平面的二维辐射方向图，波束宽度为 51.3°×43.7°。

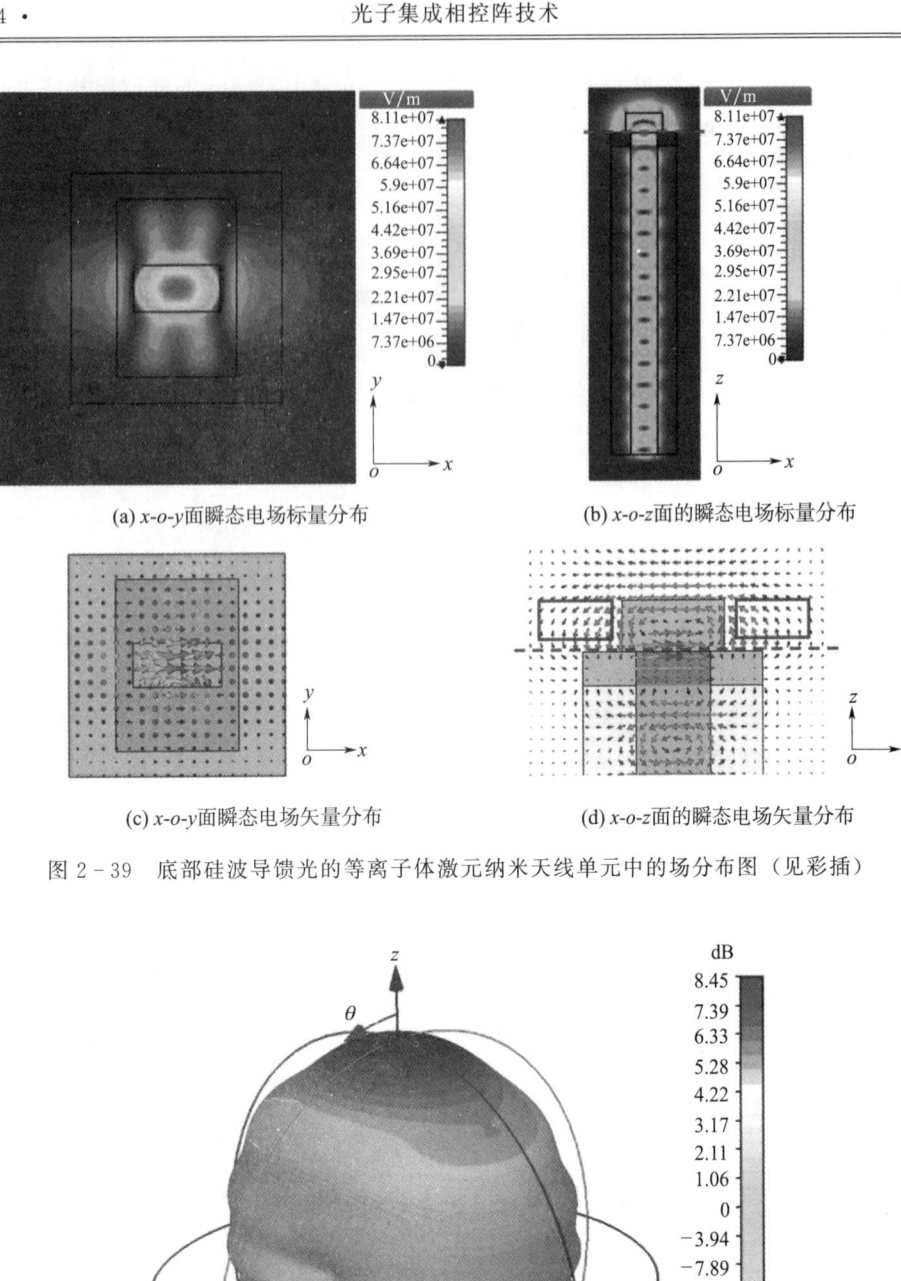

(a) *x-o-y*面瞬态电场标量分布　　　　　　　(b) *x-o-z*面的瞬态电场标量分布

(c) *x-o-y*面瞬态电场矢量分布　　　　　　　(d) *x-o-z*面的瞬态电场矢量分布

图 2 - 39　底部硅波导馈光的等离子体激元纳米天线单元中的场分布图（见彩插）

图 2 - 40　等离子体激元纳米天线单元的三维辐射方向图

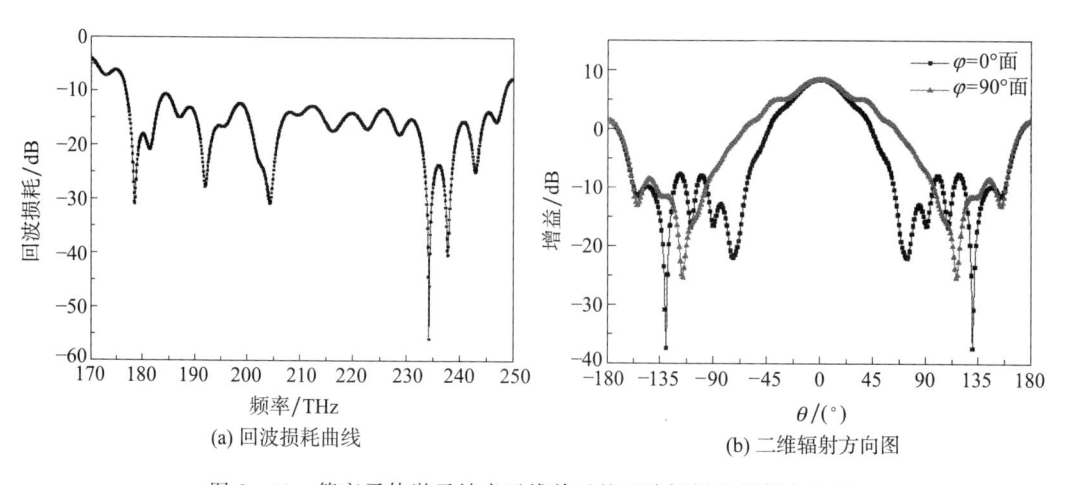

(a) 回波损耗曲线　　　　　　　　　　(b) 二维辐射方向图

图 2 - 41　等离子体激元纳米天线单元的回波损耗和辐射方向图

2.2.2　等离子体激元纳米天线阵列设计

利用提出的等离子体激元纳米天线单元设计了 1×8 天线阵列，建立仿真模型，结构图如图 2 - 42 所示。天线单元沿着 x 轴方向排布，单元之间的间距为 d，每一个天线单元都由一个硅波导从底部馈光，硅波导由二氧化硅包覆，激励端口 1～8（Port 1～Port 8）在硅波导下方的端口处，通过控制每一个激励端口的相位实现波束扫描。

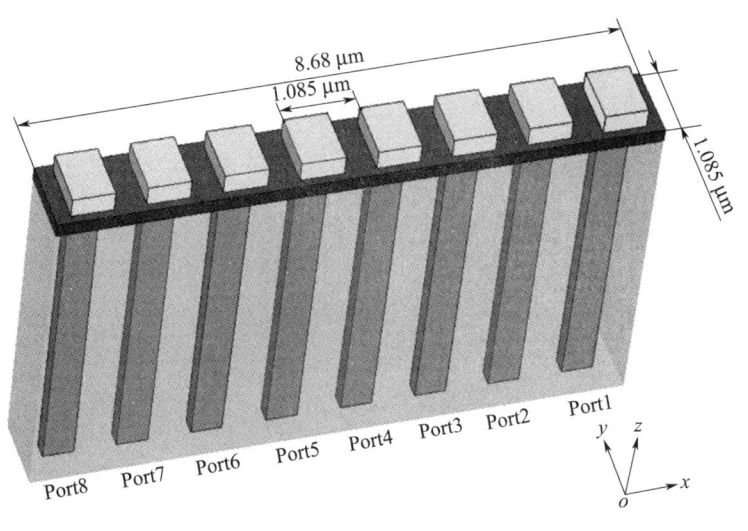

图 2 - 42　1×8 等离子体激元纳米天线阵列结构图

为了实现天线阵列方向图宽范围扫描，阵元间距设置为 $d=0.7\lambda_0$（1.085 μm），远小于文献［42］中阵元间距的尺寸（6λ_0），整个阵列的尺寸为 8.68 μm×1.085 μm。仿真得到图 2 - 43 所示的每个端口的回波损耗曲线，即 S11～S88，分别对应 Port 1～

Port 8 端口。从图 2-43 中可以看出，在 193.5 THz，所有端口的回波损耗都低于 −22.5 dB，表明天线和波导之间实现了良好的匹配。在 193.5 THz，1×8 天线阵列在 x-o-z 面（$\varphi = 0°$）和 y-o-z 面（$\varphi = 90°$）的二维辐射方向图如图 2-44 所示。天线阵列的增益为 14.5 dB，波束宽度为 9.0°×96.4°。

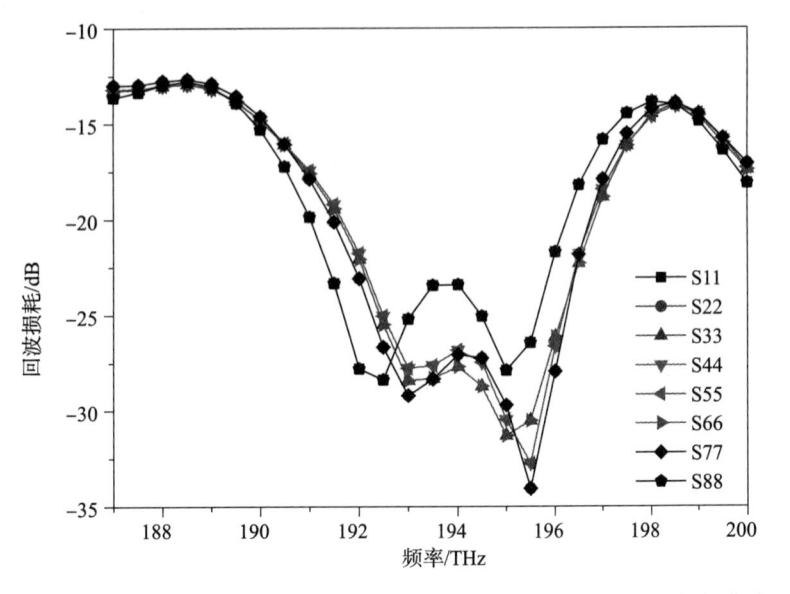

图 2-43　1×8 等离子体激元纳米天线阵列 Port 1～Port 8 的回波损耗曲线

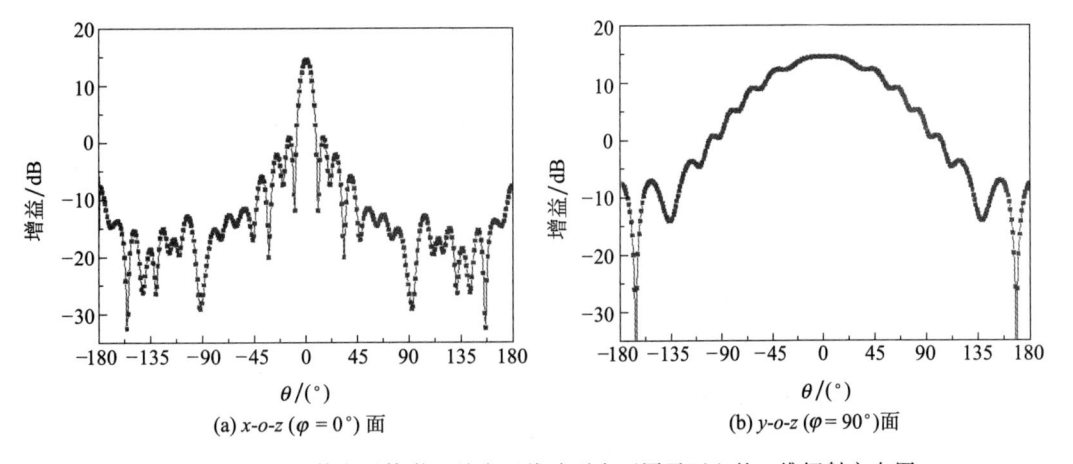

(a) x-o-z（$\varphi = 0°$）面　　　　　　　(b) y-o-z（$\varphi = 90°$）面

图 2-44　1×8 等离子体激元纳米天线阵列在不同平面上的二维辐射方向图

根据式（2-4）可知，当改变相邻两个天线单元之间的相位差时，扫描角度 θ_s 随之改变。$\Delta\varphi_x$ 代表沿着 x 方向排布的天线单元之间的相位差。图 2-45 是当 $\Delta\varphi_x$ 变化时，1×8 天线阵列在 x-o-z（$\varphi = 0°$）面的二维扫描辐射方向图。从图 2-45 中可以观察到，扫描角度 θ_s 随着相位差 $\Delta\varphi_x$ 的增大而增大。仿真得到的最大扫描范围为 ±44.0°，此时的增益为 10.2 dB。扫描范围符合式（2-4）计算得到的理论值 ±45.6°。

仿真结果表明，利用设计的天线单元组成的阵列具有很宽的扫描范围。图 2-46 是在 193.5 THz 处，$\Delta\varphi_x = 90°$ 时 1×8 等离子体激元纳米天线阵列的三维辐射方向图，天线阵列扫描角度为 20.0°。由于天线单元之间存在耦合，因此与式（2-4）得到的理论值 20.9° 有一点误差。

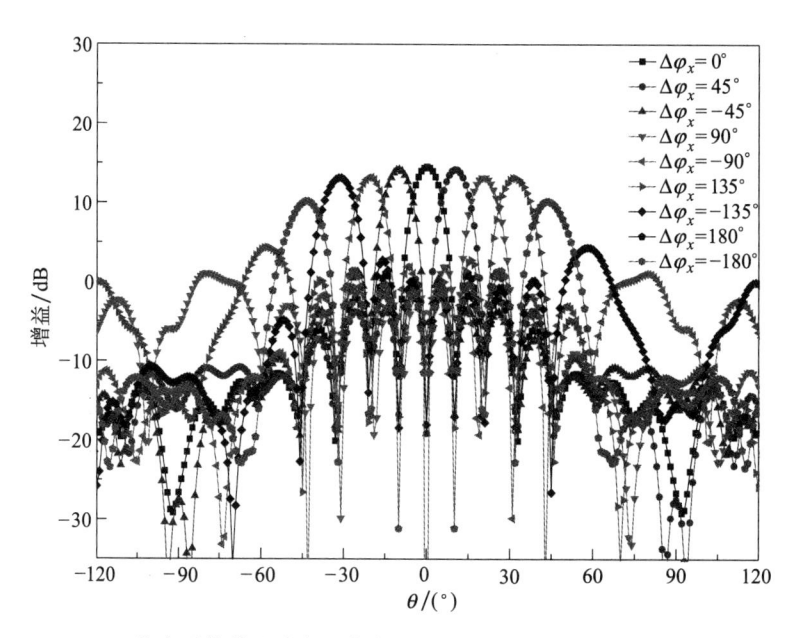

图 2-45　1×8 等离子体激元纳米天线阵列在 x-o-z（$\varphi = 0°$）面的二维扫描方向图

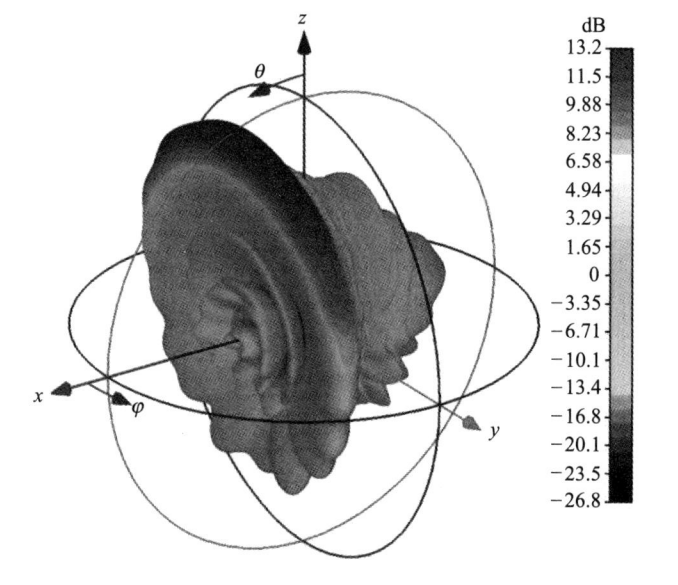

图 2-46　在 193.5 THz 处，$\Delta\varphi_x = 90°$ 时 1×8 等离子体激元纳米天线阵列的三维辐射方向图（见彩插）

　　将 1×8 等离子体激元纳米天线阵列扩展为 8×8 天线阵列，得到如图 2-47 所示的模型。天线阵列沿着 x 轴和 y 轴方向的阵元间距都是 $0.7\lambda_0$，整个阵列在 x-o-z 面上的投影尺寸为 8.68 μm×8.68 μm。将 1×8 天线阵列的辐射方向图代入式（2-3），得到 8×8 天线阵列的辐射方向图。通过控制每个波导中传输光的相位差，可以实现二维的波束扫描。在 193.5 THz，相位差为 0°时，仿真得到 8×8 天线阵列在 x-o-z（$\varphi=$0°）和 y-o-z（$\varphi=$90°）面的二维辐射方向图，分别如图 2-48（a）和（b）所示。天线增益为 24.2 dB，波束宽度为 9.0°×9.0°，方向图对称性好。

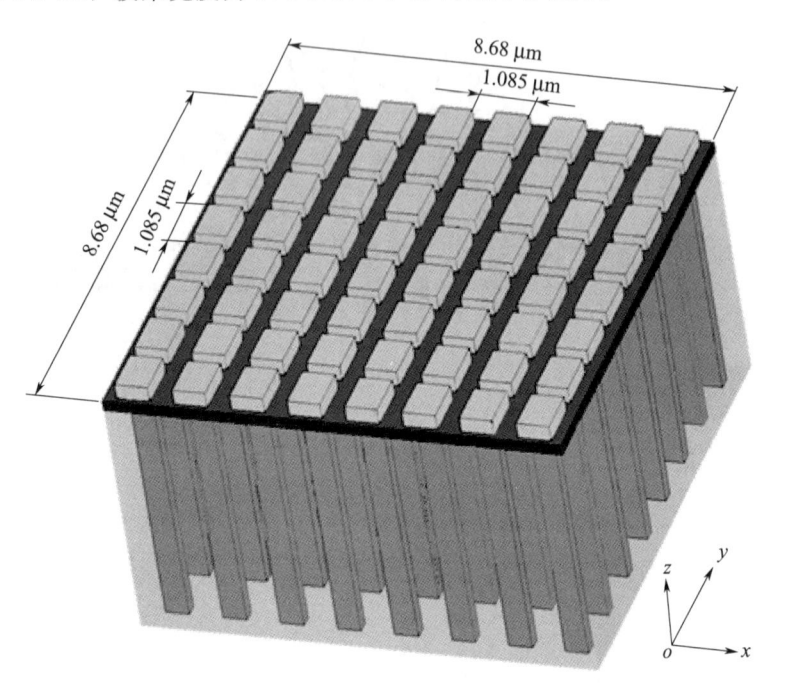

图 2-47　8×8 等离子体激元纳米天线阵列结构图

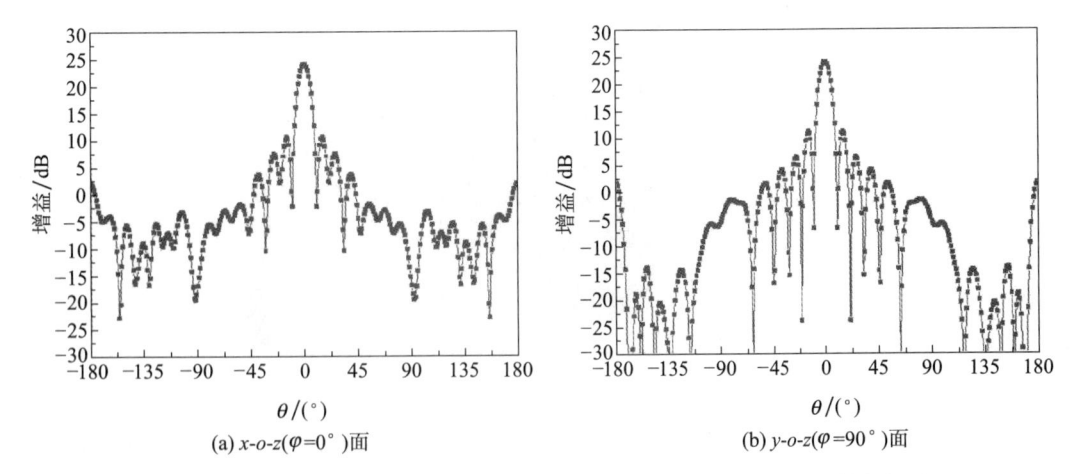

(a) x-o-z（$\varphi=$0°）面　　　　　　　　(b) y-o-z（$\varphi=$90°）面

图 2-48　8×8 等离子体激元纳米天线阵列在不同平面上的二维辐射方向图

为验证 8×8 等离子体激元纳米天线阵列的波束扫描特性，通过分别控制沿着 x 轴和 y 轴方向相邻天线单元之间的相位差 $\Delta\varphi_x$ 和 $\Delta\varphi_y$，实现二维的波束扫描。先将天线阵列沿着 y 轴方向的相位差设置为 $\Delta\varphi_y = 0°$，通过改变沿着 x 轴方向的相位差 $\Delta\varphi_x$，得到在 $x\text{-}o\text{-}z$ 面的二维扫描方向图，如图 2-49（a）所示。当 $\Delta\varphi_x$ 从 $-180°$ 增加到 $180°$ 时，波束指向从 $-44°$ 增大到 $44°$，实现了在 $x\text{-}o\text{-}z$ 面的波束扫描。然后将天线阵列沿着 x 轴方向的相位差设置为 $\Delta\varphi_x = 0°$，通过改变沿着 y 轴方向的相位差 $\Delta\varphi_y$，得到如图 2-49（b）所示的在 $y\text{-}o\text{-}z$ 面的二维扫描方向图。随着 $\Delta\varphi_y$ 从 $-180°$ 增大到 $180°$，波束指向从 $-45°$ 增大到 $45°$。天线阵列扫描到 $45°$ 时，主切面增益为 20.2 dB。

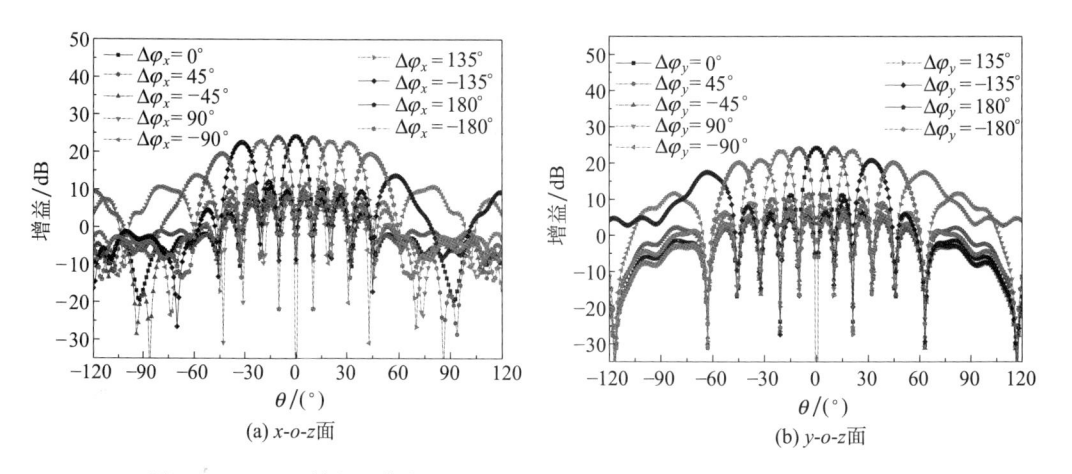

图 2-49　8×8 等离子体激元纳米天线阵列在不同平面上的二维扫描方向图

通过控制沿着 x 轴和 y 轴的相位差 $\Delta\varphi_x$ 和 $\Delta\varphi_y$，8×8 天线阵列可以获得（$\pm44.0°$）×（$\pm45.0°$）（即 $88.0°×90.0°$）的扫描范围。与式（2-4）计算的理论值（$\pm45.6°$）×（$\pm45.6°$）比较相符，表明设计的天线阵列具有良好的波束扫描特性。

图 2-50 是 $\Delta\varphi_x = \Delta\varphi_y = 90°$ 时 8×8 等离子体激元纳米天线阵列的三维辐射方向图，增益为 22.3 dB。

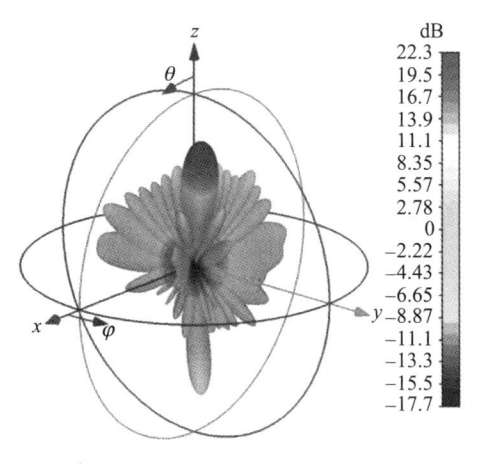

图 2-50　$\Delta\varphi_x = \Delta\varphi_y = 90°$ 时，8×8 等离子体激元纳米天线阵列的三维辐射方向图

2.3　硅基喇叭形纳米天线

喇叭天线起着由波导模到自由空间模光滑过渡的作用，光滑过渡减弱反射而加强行波，行波特性能使天线获得低回波损耗和宽频带特性。因此喇叭天线具有较高的增益、较低的回波损耗、较宽的工作带宽[45]。传统微波喇叭天线的口径通常为几倍波长，而为了实现光相控阵方向图的栅瓣抑制，天线单元的口径应为亚波长尺寸。本节设计了工作波长为 1 550 nm 的亚波长尺寸的硅基喇叭形纳米天线单元，其结构简单，口径效率高。

矩形喇叭天线是由传输主模（TE$_{10}$模）的矩形波导扩展而成，若波导的宽壁扩展而窄壁保持不变，称为 H 面扇形喇叭；若波导的两壁尺寸同时扩展，称为角锥喇叭[45]。

2.3.1　硅基 H 面扇形喇叭纳米天线设计

图 2-51 给出了一个硅基 H 面扇形喇叭纳米天线单元，天线单元由硅材料构成，利用硅波导从底部馈光，波导由二氧化硅包覆，其在 x-o-y 面的尺寸为 $a = 0.45\ \mu m$，$b = 0.22\ \mu m$。

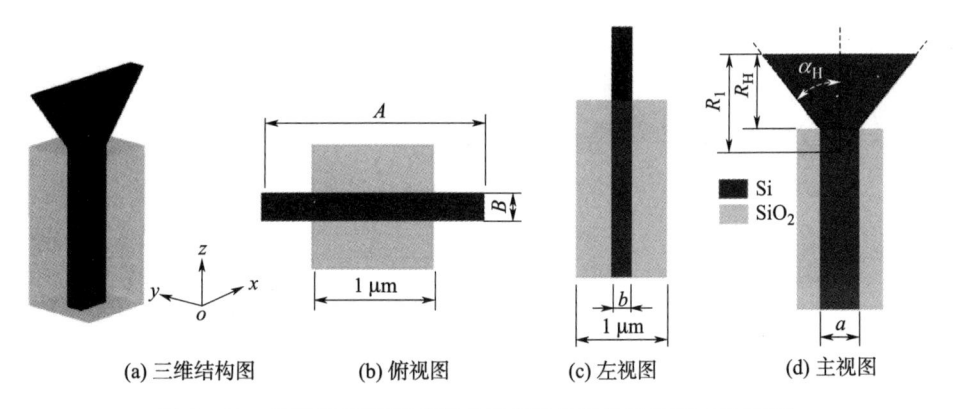

(a) 三维结构图　　　(b) 俯视图　　　(c) 左视图　　　(d) 主视图

图 2-51　硅基 H 面扇形喇叭纳米天线的结构示意图（见彩插）

天线口径 A 与 R_1、R_H、α_H 和 a 的关系为

$$A = 2(R_1 \tan \alpha_H) \tag{2-6}$$

$$R_1 = R_H + \frac{\dfrac{a}{2}}{\tan \alpha_H} \tag{2-7}$$

为获得较高的增益，通过设置 R_H 与 α_H 的值，使 A 的初始尺寸为 λ_0。优化后，当 $A = 1.82\ \mu m$（$1.2\lambda_0$），$R_H = 0.825\ \mu m$，$\alpha_H = 39.5°$时，能够获得最大增益。天线的三

维辐射方向图如图 2-52 所示，增益为 4.88 dB，辐射效率为 77.7%。天线的口径效率表达式为

$$\eta_a = \frac{10^{\frac{G}{10}} \lambda^2}{4\pi S} \tag{2-8}$$

式中　G ——天线增益，$G = 4.88$ dB；

　　　S ——天线的面积，$S = 1.82\ \mu m^2$；

　　　λ ——工作波长，$\lambda = 1.55\ \mu m$。

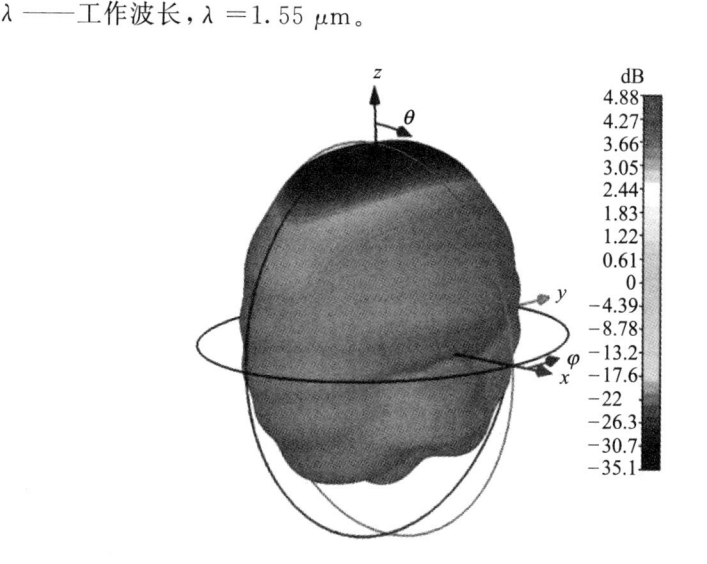

图 2-52　硅基 H 面喇叭天线单元的三维辐射方向图

代入以上数据到式（2-8），得到天线的口径效率为 32.3%。在沿 x 轴方向（$\varphi = 0°$ 面），天线尺寸较大，波束较窄；在沿 y 轴方向（$\varphi = 90°$ 面），天线尺寸较小，波束较宽。回波损耗曲线如图 2-53（a）所示，$\varphi = 0°$ 和 $\varphi = 90°$ 面的二维辐射方向图如图 2-53（b）所示，波束宽度为 65°×118°。

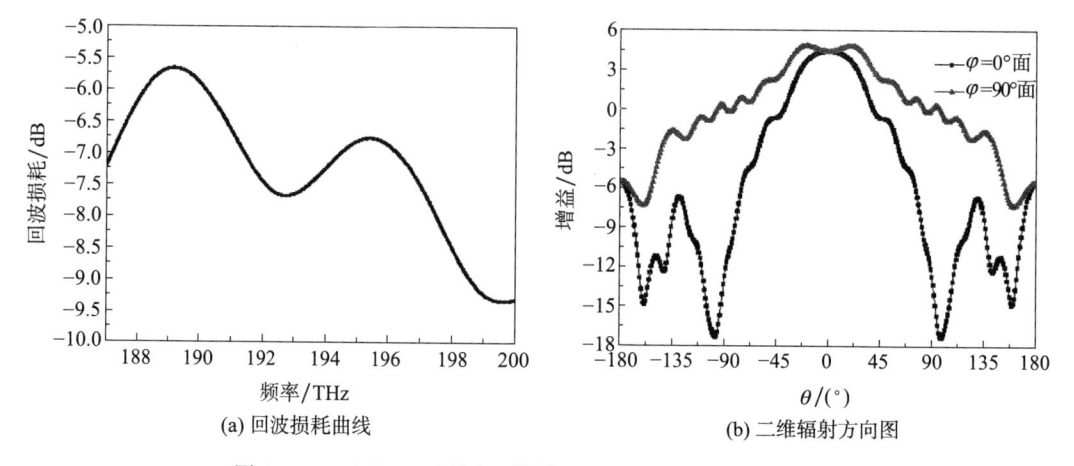

(a) 回波损耗曲线　　　　　　　　　(b) 二维辐射方向图

图 2-53　硅基 H 面喇叭天线单元的回波损耗及辐射方向图

2.3.2 硅基角锥喇叭形纳米天线设计

为了利用更小的尺寸获得更大的增益，提高天线单元的口径效率，在 H 面扇形喇叭纳米天线的基础上进行角锥喇叭形天线的设计。增益随着天线口径 A 和 B 的增大而提高[45]，但是由于 2.3.1 节中的 A 大于 λ_0，会使阵列的方向图出现栅瓣，因此角锥喇叭天线通过降低 A，增大 B 来获得更高的增益。角锥喇叭形纳米天线的结构示意图如图 2 - 54 所示。

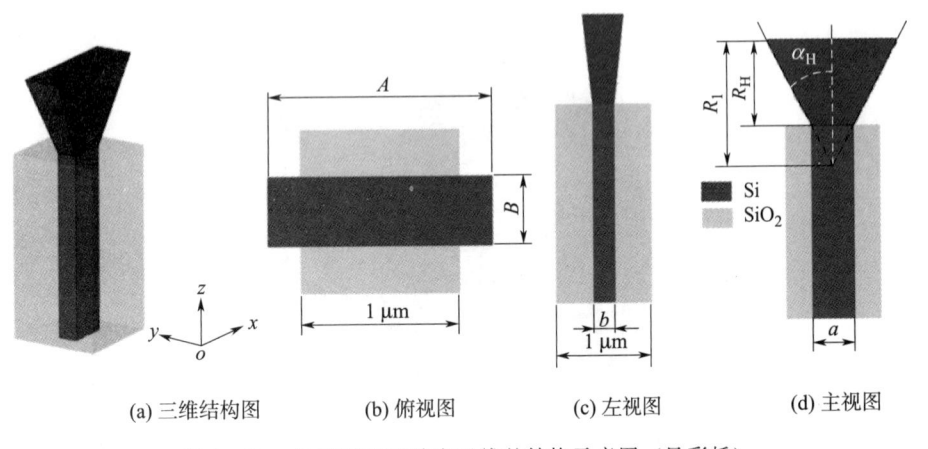

(a) 三维结构图   (b) 俯视图   (c) 左视图   (d) 主视图

图 2 - 54　角锥喇叭形纳米天线的结构示意图（见彩插）

经过优化，最终 A 的尺寸为 $1.4~\mu m$，B 的尺寸为 $0.42~\mu m$，R_H 为 $0.9~\mu m$。回波损耗曲线和 x-o-z 面的电场分布分别如图 2 - 55（a）和（b）所示。图 2 - 55（a）表明，该天线在中心频率 193.5 THz 处具有较低的回波损耗。图 2 - 55（b）表明，波导中的光通过天线辐射到了自由空间中，但是天线边缘的能量比较低，利用率不高。图 2 - 56（a）是天线的三维辐射方向图。在沿 x 轴方向（$\varphi=0°$面），天线尺寸较大，波束较窄；在沿 y 轴方向（$\varphi=90°$面），天线尺寸较小，波束较宽。天线增益为 5.51 dB，辐射效率为 75.9%，口径效率为 48.6%。图 2 - 56（b）是 $\varphi=0°$ 和 $\varphi=90°$ 面的二维辐射方向图，波束宽度为 $37°×107°$。

2.3.3 小型化硅基喇叭形纳米天线设计

从图 2 - 55（b）所示的角锥喇叭形纳米天线单元在 x-o-z 面的电场分布可以看出，天线边缘电场能量比较低，天线口径没有得到充分利用，口径效率可以进一步提高。根据电场的强度分布对天线边缘进行裁剪，进一步得到一种小型化硅基喇叭形纳米天线，能够有效提高口径效率。设计的小型化硅基喇叭形纳米天线和波导的结构示意图如图 2 - 57（a）所示，波导从天线底部馈光，由二氧化硅包覆。天线的长度为

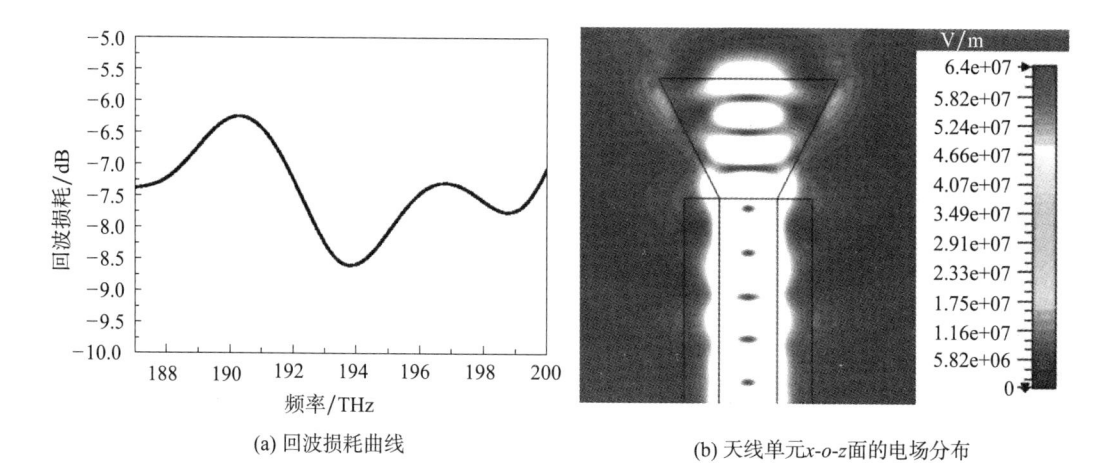

(a) 回波损耗曲线   (b) 天线单元x-o-z面的电场分布

图 2-55 角锥喇叭形纳米天线的回波损耗曲线和电场分布图（见彩插）

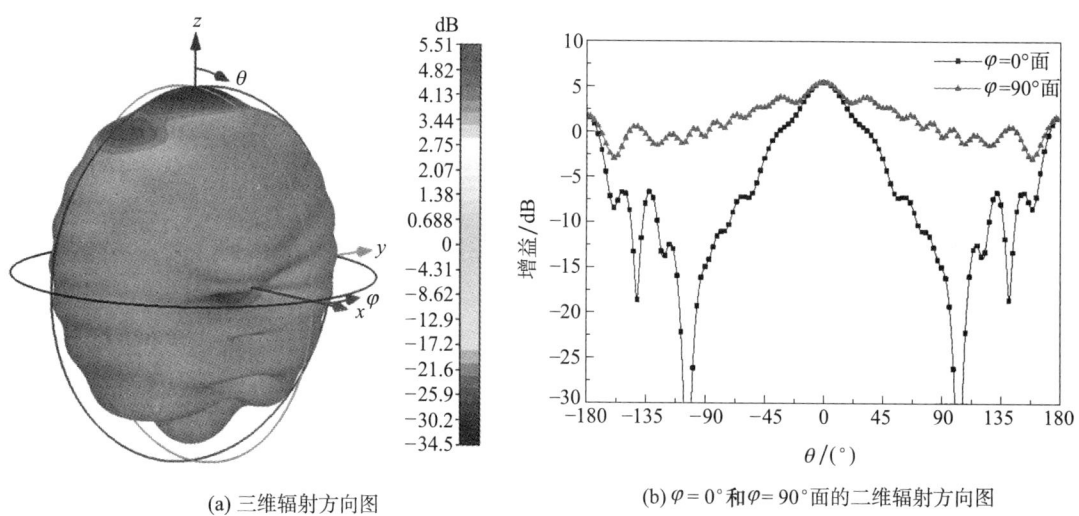

(a) 三维辐射方向图   (b)$\varphi=0°$和$\varphi=90°$面的二维辐射方向图

图 2-56 角锥喇叭形纳米天线的远场辐射方向图

L，经过仿真、优化，天线在 x-o-y 面上的投影尺寸为 1 $\mu m \times 1$ μm，如图 2-57（b）所示。天线和波导的左视图和主视图分别如图 2-57（c）和（d）所示，波导在 x-o-y 面的投影尺寸为 0.45 $\mu m \times 0.22$ μm。

在 193.5 THz 处，天线在 x-o-y 面和 x-o-z 面的电场矢量分布如图 2-58 所示。从图 2-58（b）中可以看出，在 x 轴方向，天线左右两侧的电场相位相差约 180°，因此在天线上方的电场矢量叠加达到最强。

图 2-59 是 193.5 THz 处的小型化硅基喇叭形纳米天线的三维辐射方向图，在沿 x 轴方向（$\varphi=0°$面），天线尺寸较大，波束较窄；在沿 y 轴方向（$\varphi=90°$面），天线尺寸较小，波束较宽。

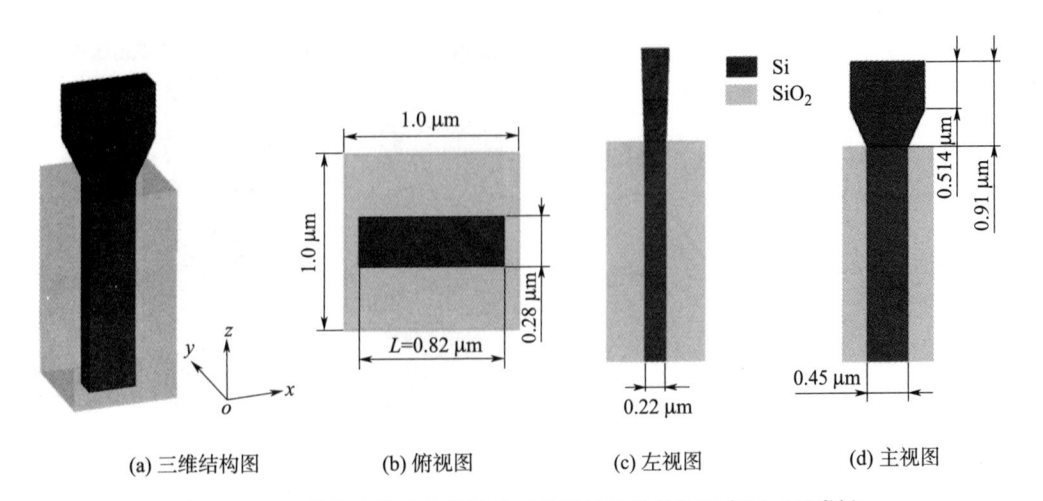

(a) 三维结构图　　　　(b) 俯视图　　　　(c) 左视图　　　　(d) 主视图

图 2-57　小型化硅基喇叭形纳米天线和波导的结构示意图（见彩插）

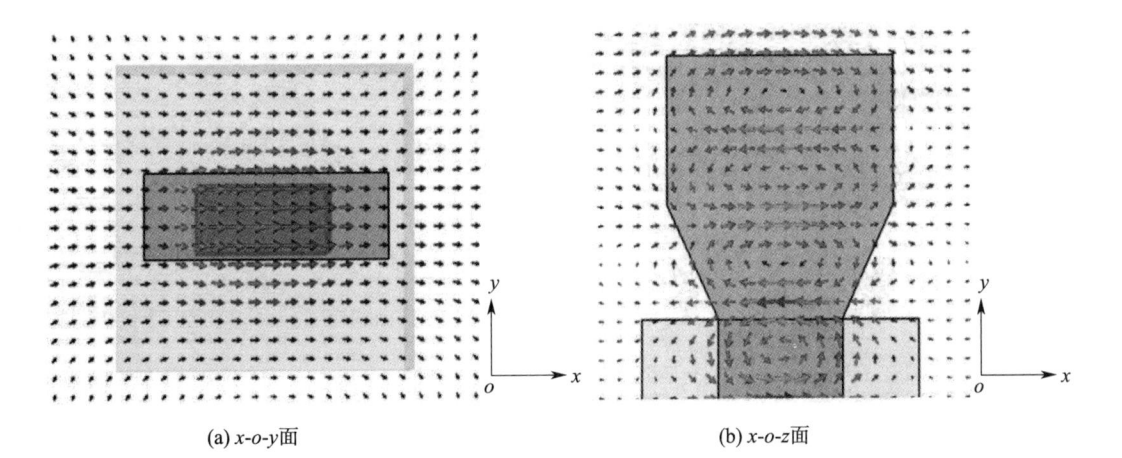

(a) x-o-y面　　　　　　　　　　　　(b) x-o-z面

图 2-58　小型化硅基喇叭形纳米天线在不同平面上的电场矢量分布图（见彩插）

图 2-55（b）表明，天线沿 x 轴方向两侧的光场能量比较小，因此减小天线长度 L 之后，对天线的远场方向图影响较小。这样可以在对增益影响较小的情况下，有效地减小天线单元的面积。天线的初始长度为 $L = 1.3\ \mu m$，对天线长度 L 进行优化，得到如图 2-60 所示的回波损耗曲线。回波损耗主要受光在硅和自由空间的界面处发生的反射的影响。从图 2-60 可以看出，当 $L = 0.82\ \mu m$ 时，回波损耗较低，在 193.5 THz 处，回波损耗为 -7.58 dB。

天线在 $\varphi = 0°$ 面和 $\varphi = 90°$ 面的二维辐射方向图分别如图 2-61（a）和（b）所示。在天线长度 $L = 0.82\ \mu m$ 时，波束宽度为 $46.0° \times 53.8°$，增益达到最大值 6.1 dB，口径效率达到 77.9%，天线的辐射效率达到 82.7%。图 2-60 和图 2-61 表明，在 $L = 0.82\ \mu m$ 时天线具有较好的匹配特性和辐射特性，因此最终选择天线长度为 $L = 0.82\ \mu m$。

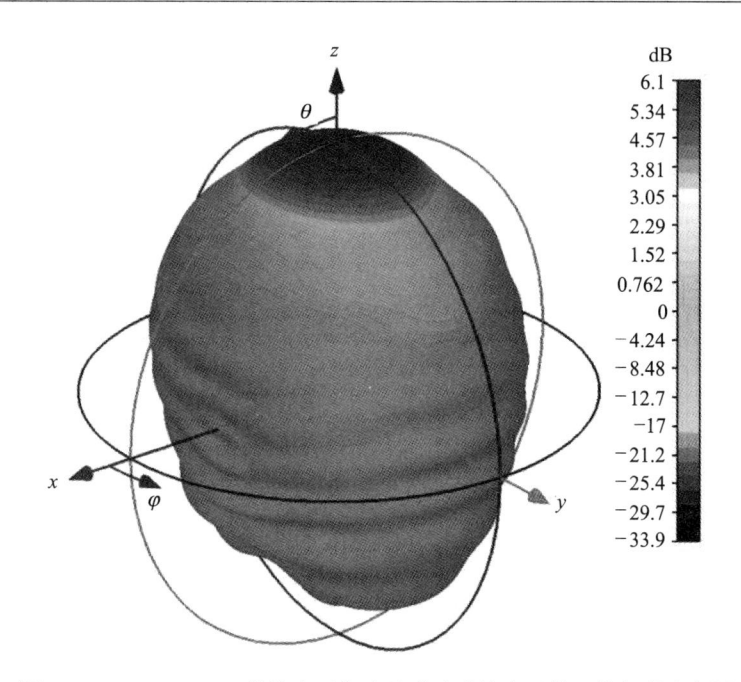

图 2 - 59　193.5 THz 处的小型化硅基喇叭形纳米天线三维辐射方向图

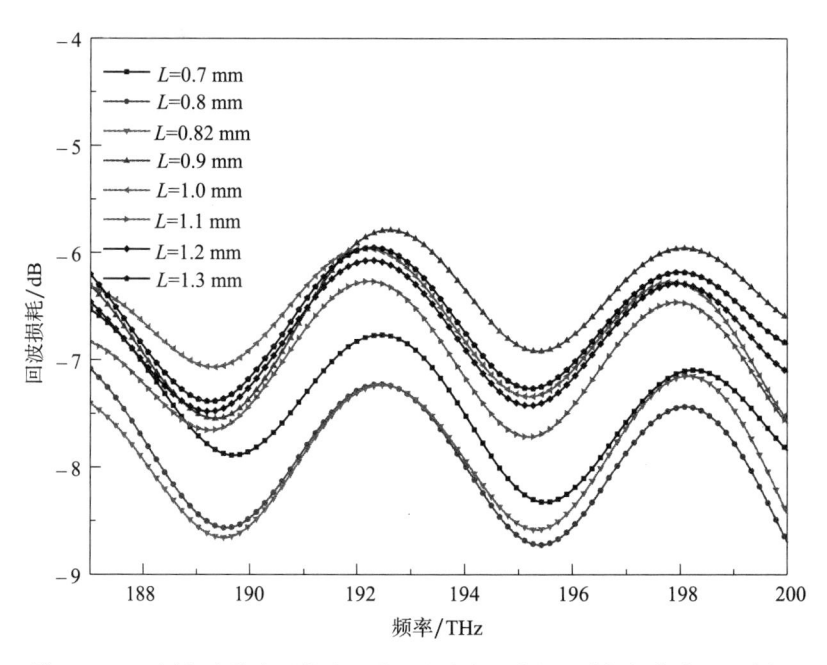

图 2 - 60　不同长度的小型化硅基喇叭形纳米天线的回波损耗曲线（见彩插）

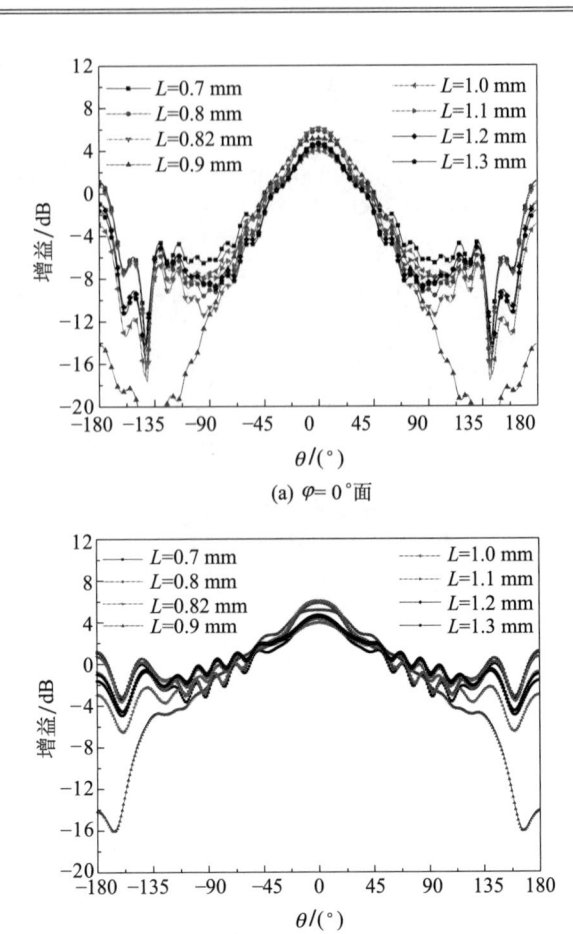

(a) $\varphi = 0°$面

(b) $\varphi = 90°$面

图 2-61　不同长度的小型化硅基喇叭形纳米天线在不同平面上的二维辐射方向图

第3章 光子集成相控阵低副瓣设计

副瓣是光相控阵的关键指标之一，低副瓣是光相控阵应用的重要需求。对于发射光相控阵而言，副瓣高会产生干扰，同时造成功率浪费，降低系统的效率；对于接收光相控阵而言，副瓣高容易被干扰。因此开展低副瓣的研究对于光相控阵的实际应用具有重要意义。本章介绍了等间距和非等间距光相控阵低副瓣设计方法及设计案例。

3.1 低副瓣光相控阵设计方法

在一个具有 N 个阵元的一维光相控阵中，光相控阵的远场方向图表达式为[46]

$$E(\theta) = \sum_{n=1}^{N} A_n \exp\left[j \frac{2\pi}{\lambda} x_n (\sin\theta - \sin\theta_s) \right] \quad (3-1)$$

$$x_n = \sum_{k=1}^{n-1} d_k \quad (3-2)$$

式中　n——阵元的序号（$n = 1, 2, 3, \cdots, N$）；

　　A_n——第 n 个光天线单元的激励幅度；

　　θ_s——指定的扫描角；

　　d_k——第 $k+1$ 个阵元与第 k 个阵元的间距；

　　x_n——第 n 个阵元的位置。

副瓣电平的表达式为

$$\mathrm{SLL} = \frac{E_{\mathrm{max\_sidelobe}}^2}{E_{\mathrm{mainlobe}}^2} \quad (3-3)$$

式中　$E_{\mathrm{max\_sidelobe}}$——最大的副瓣电场；

　　E_{mainlobe}——主瓣电场。

通过公式（3-1）可以看出，天线阵中有四个参数可以调整，这四个参数分别是阵元数、阵元间距分布、各个阵元的激励幅度和相位。已知这些参数可以得到该阵列的远场方向图，进而获得远场辐射特性。阵列天线的综合设计问题就是根据设计目标和约束条件综合出合适的阵元分布、激励幅度和相位等参数。根据阵元分布情况天线阵列可以分为等间距阵列和非等间距阵列。

3.1.1　等间距阵列设计方法

（1）切比雪夫综合法

对于等间距的天线阵列，可以通过切比雪夫综合、泰勒综合等方法实现天线阵列的低副瓣设计。其中通过切比雪夫综合法设计的阵列具有以下特点：综合的天线阵列的远场方向图是等副瓣的，在同样的副瓣电平和阵列长度的条件下，这种综合方式综合出的方向图主瓣宽度最窄。下面将采用巴贝尔公式[47]，快速综合出切比雪夫激励幅度分布。

根据给定的副瓣电平以及选定的阵元数 N 求出 x_0，即

$$x_0 = \cosh\left[\frac{1}{N-1}\mathrm{arccosh}\,(10^{\frac{-SLL}{20}})\right] \qquad (3-4)$$

当阵元数为偶数（$N=2M$）时，激励幅度分布为

$$I_n = \sum_{q=n}^{M} (-1)^{M-q}\,\frac{x_0^{2q-1}(q+M-2)!\,(2M-1)}{(q-n)!\,(q+n-1)!\,(M-q)!}, n=1,2,\cdots,M \quad (3-5)$$

式中　I_n——第 n 个阵元的激励幅度值；

　　　M——综合的偶数阵列的阵元数 N 的 $\dfrac{1}{2}$。

当阵元数为奇数（$N=2M+1$）时，激励幅度分布为

$$I_n = \sum_{q=n}^{M+1} (-1)^{M-q+1}\,\frac{x_0^{2(q-1)}(q+M-2)!\,(2M)}{s_n(q-n)!\,(q+n-2)!\,(M-q+1)!}, n=1,2,\cdots,M+1$$

$$(3-6)$$

式中　I_n——第 n 个阵元的激励幅度值。当 $n=1$ 时，$s_n=2$；当 $n\neq 1$ 时，$s_n=1$。

（2）光功率分配网络的设计原理

通过切比雪夫综合法获得低副瓣相控阵的激励幅度分布后，需要通过设计光功率分配网络来实现对各个光天线单元的功率分配。目前比较典型的光功率分配器件有以下几种：星型耦合器、Y 型分支功分器和 MMI 功分器，其中 MMI 功分器具有结构紧凑、插入损耗低、制作容差好等优点，因此这里选用 MMI 功分器实现光功率分配。

MMI 功分器[48-49]是基于多模波导区的自镜像效应实现功率分配的。自镜像效应作为多模波导一个重要特性，它是多模波导区中激励起的各阶导模间的相长性干涉的结果。基于这个效应，沿多模波导区的传播方向将周期性的产生输入场的一个或多个像。

假设输入光场在 $z=0$ 处为 $F(x,0)$，在多模波导区激励起各阶导模，因此，输入光场可以分解成各阶导模的和

$$F(x,0) = \sum_{v=0}^{m-1} c_v \varphi_v(x) \tag{3-7}$$

式中　$\varphi_v(x)$ —— v 阶导模的场分布函数；

　　　c_v —— v 阶导模的权重系数，可通过下面的公式确定

$$c_v = \frac{\int F(x,0)\varphi_v(x)\mathrm{d}x}{\sqrt{\int \varphi^2{}_v(x)\mathrm{d}x}} \tag{3-8}$$

在多模波导区任意处的光场分布均为各阶导模的线性叠加

$$F(x,z) = \sum_{v=0}^{m-1} c_v \varphi_v(x)\exp[\mathrm{j}(\omega t - \beta_v z)] \tag{3-9}$$

以基模相位为基准，式（3-9）变成

$$F(x,z) = \sum_{v=0}^{m-1} c_v \varphi_v(x)\exp[\mathrm{j}(\beta_0 - \beta_v)z] \tag{3-10}$$

又有

$$\beta_0 - \beta_1 = \frac{v(v+2)\pi}{3L_\pi} \tag{3-11}$$

将式（3-11）带入式（3-10）可以得到波导中的场分布

$$F(x,L) = \sum_{v=0}^{m-1} c_v \varphi_v(x)\exp\left[\mathrm{j}\frac{v(v+2)\pi}{3L_\pi}L\right] \tag{3-12}$$

通过式（3-12）可以看到，多模波导中任意长度处光场分布由各阶导模的权重系数和相位因子决定。MMI 功分器的输入场位置在任意的条件下，各阶导模的权重系数均不为零。通过选择合适的输入光场的位置，可以有选择的激励一些导模，另外一部分导模被抑制。对于 $1 \times N$ 的限制性干涉 MMI 功分器[50]，输入波导位于多模波导区的中间位置，这样输入的偶对称光在多模波导区仅激励起偶阶模。

产生 N 重镜像的多模波导位置为

$$L = \frac{p}{N}\frac{n_r W_e^2}{\lambda_0} \tag{3-13}$$

式中　λ_0 —— 中心波长；

　　　W_e —— 基模场的有效宽度；

　　　n_r —— 芯层波导折射率；

　　　p —— 与 N 互质的自然数。

通过改变 MMI 功分器的几何结构，可以实现任意的功分比[51-53]。Besse 等[54]设计了一种碟型 MMI 功分器，但是这种结构加工难度大。图 3-1 是其中一种紧凑的能实现任意分光比的 MMI 功分器结构。

对于常规的 1×2 MMI 功分器，其多模波导区是一个矩形平面结构，由于它的结构对称性，只能将输入的光信号分成相等的两部分。但是如果切去多模干涉区的一个

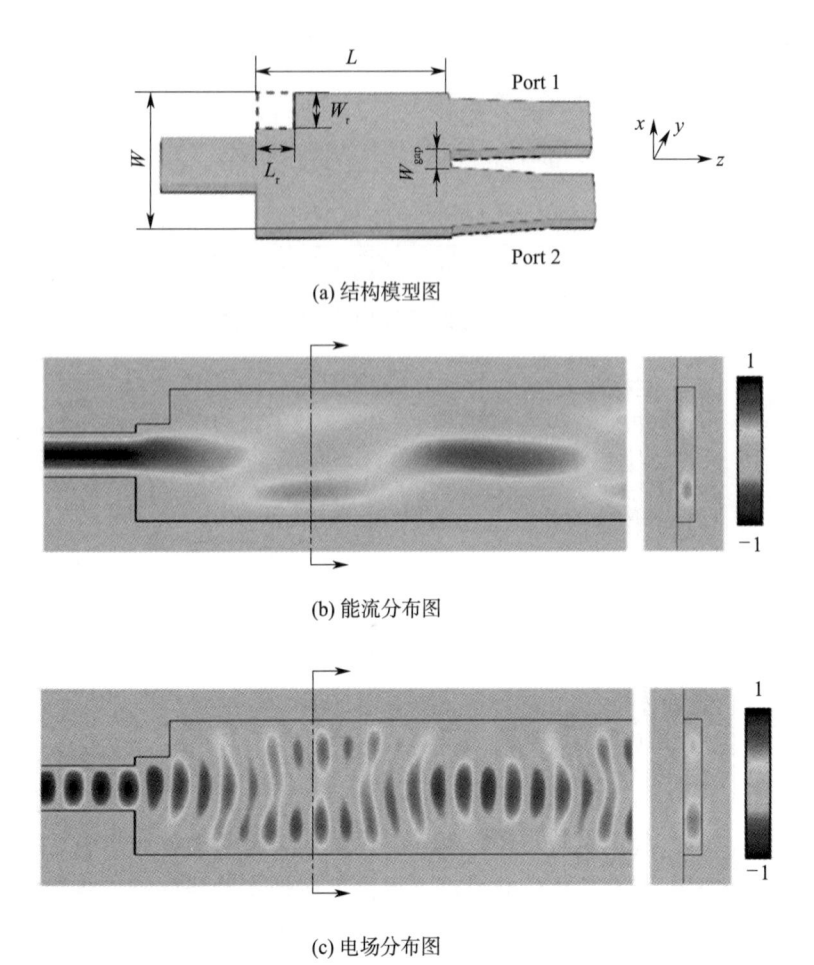

(a) 结构模型图

(b) 能流分布图

(c) 电场分布图

图 3 - 1　1×2 MMI 功分器的结构、能流、电场分布图（见彩插）

角，如图 3 - 1（a）所示，将破坏多模区的对称性。根据自镜像原理，一般干涉将取代对称干涉，多模区切角缺陷的引入改变 MMI 功分器输出端的功分比。在切除矩形宽度确定的情况下，不同的切除长度将产生不同的功分比，基于这一原理可以产生任意的功分比。

3. 1. 2　非等间距阵列设计方法

目前研究的光相控阵中由于光天线单元尺寸大，导致阵元间距难以降低到 1 倍波长以下，在等间距排布的情况下会产生栅瓣。对于这种等间距分布的阵列，由于远场辐射方向图的周期性，通过激励幅度和相位加权无法有效抑制栅瓣，采用非等间距排布阵列就可以有效的抑制栅瓣[55,62]，同时可进一步降低副瓣。非等间距的阵列设计可以用优化算法实现，寻找最优分布的优化算法有很多，如遗传算法[63-64]、爬山法以及粒子群优化（particle swarm optimization，PSO）算法[65]、模式搜索算法[58]等。粒子群优化算法作为一种仿生优化算法，具有设计简单、全局寻优能力强等优点，因此通常采用粒子群优化算法来求取光相控阵的最优解。

粒子群优化算法是模仿鸟类觅食行为发展起来的随机优化算法。在算法中，将鸟抽象成一个没有质量和体积的粒子，粒子具有速度和位置两个基本属性。速度代表粒子移动的快慢，位置代表粒子移动的方向。每个粒子在搜索区域内搜寻最优解，并将其记为当前个体极值，然后将个体极值与其他粒子共享，找到最优的个体极值作为整个粒子群的当前全局最优解，粒子群中的所有粒子根据自己找到的当前个体极值和整个粒子群共享的当前全局最优解来调整自己的速度和位置。

图 3-2 是粒子群优化算法的流程示意图，粒子群优化算法主要分为初始化粒子群、适应度函数的计算、寻找个体极值和全局最优解、更新粒子的速度和位置、判断优化是否终止五个步骤。

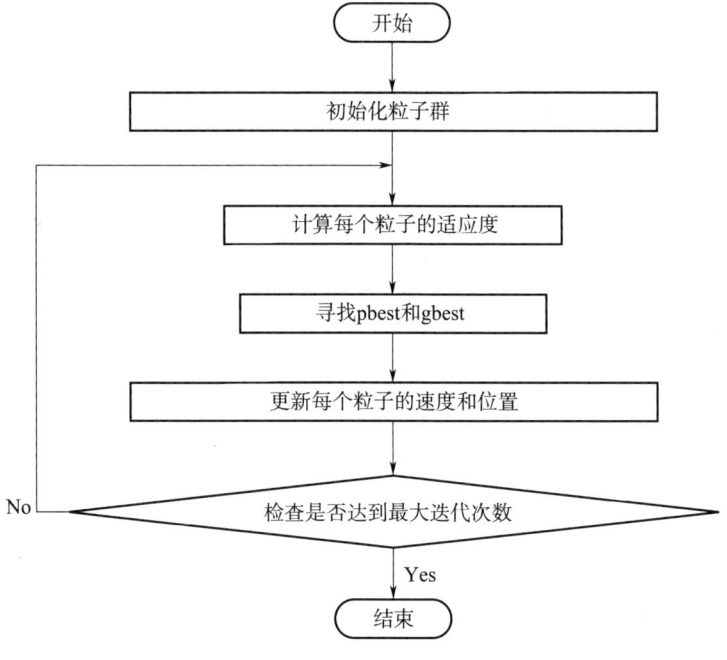

图 3-2 粒子群优化算法流程图

流程图里面的具体步骤如下所述。

1）初始化。首先根据实际需要设置搜索空间和速度区间，防止超出最大的区间。在速度区间和搜索空间内随机初始化速度和位置。并设置群体规模以及迭代次数。

2）适应度函数计算。为了衡量这些粒子在解决问题上的好坏，需要进行适应度评估，这里将副瓣电平用于适应度评估。

3）个体极值与全局最优解。个体极值是每个粒子历史上最优的位置信息，从这些个体极值中找到的最优解就是全局最优解。

4）更新粒子速度和位置。更新公式为

$$V_i^{j+1} = \omega \times V_i^j + c_1 \times \mathrm{rand}() \times (\mathrm{pbest}_i^j - X_i^j) + c_2 \times \mathrm{rand}() \times (\mathrm{gbest}^j - X_i^j)$$

$$(3-14)$$

$$X_i^{j+1} = X_i^j + V_i^{j+1} \qquad\qquad (3-15)$$

式中　V——粒子的速度；

　　　　X——粒子的位置；

　　　　下标 i——粒子序号；

　　　　上标 j——迭代次数；

　　　　rand()——介于（0，1）之间的随机数；

　　　　c_1，c_2——学习因子；

　　　　ω——惯性因子，表示粒子上一阶段的状态对下一阶段状态的影响能力；

　　　　pbest_i^j——第 j 次迭代中的第 i 个粒子的个体极值；

　　　　gbest^j——第 j 次迭代中产生的全局极值。

式（3-14）的 $\omega \times V_i^j$ 表示当前速度对下一次迭代速度的影响，$c_1 \times \mathrm{rand}() \times (\mathrm{pbest}_i^j - X_i^j)$ 表示粒子个体最优位置对下一次迭代速度的影响，$c_2 \times \mathrm{rand}() \times (\mathrm{gbest}^j - X_i^j)$ 表示种群最优位置对下一次迭代速度的影响。

粒子的位置和速度更新完成后，需要对粒子的位置和速度是否超出约束条件进行判断，针对越界问题采用吸收边界，即，如果 $X_i < X_{\min}$，则 $X_i = X_{\min}$；如果 $X_i > X_{\max}$，则 $X_i = X_{\max}$；粒子速度的越界处理也是如此。

5）终止条件。有两种终止条件，一种是达到了最大迭代的次数，另一种是相邻两代之间的全局最优解差值的绝对值在约束范围内，即种群收敛了。

3.2　低副瓣光相控阵设计案例

3.2.1　等间距阵列低副瓣设计

基于切比雪夫综合法，设计了阵列规模为 1×8、天线单元间距 2λ、副瓣电平 SLL＝－20 dB 的低副瓣阵列。图 3-3 是利用切比雪夫综合法得到的低副瓣天线阵列的结构示意图。

根据巴贝尔公式综合得到的天线单元激励幅度分布期望值如表 3-1 所示。

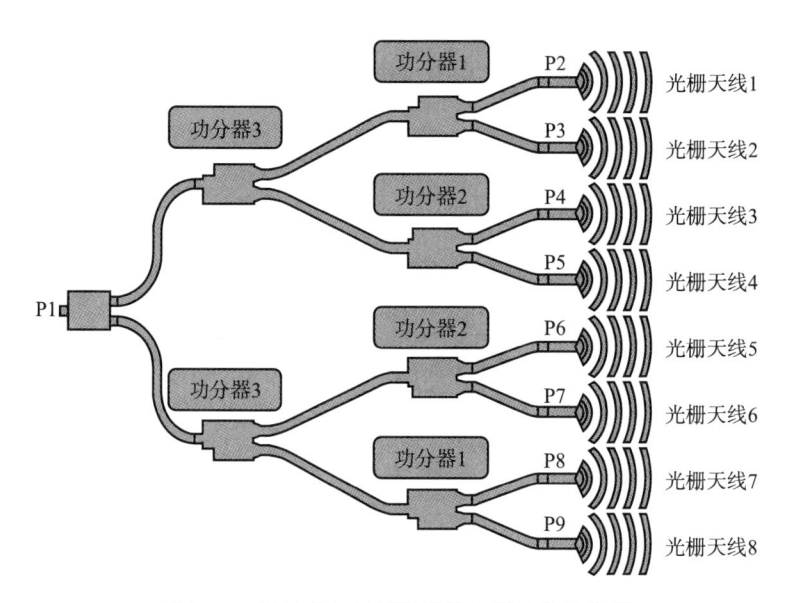

图 3 - 3　切比雪夫低副瓣天线阵列结构示意图

表 3 - 1　SLL＝－20 dB 时各个端口激励幅度分布期望值

输出端口序号	P2	P3	P4	P5	P6	P7	P8	P9
幅度（期望值）	0.579 9	0.660 3	0.875 1	1.000 0	1.000 0	0.875 1	0.660 3	0.579 9

　　切比雪夫综合法设计的低副瓣阵列激励幅度呈对称分布，因此光功率分配器设计类型可以减少一半。对于单元数 $N = 8$、副瓣电平 SLL＝－20 dB 的切比雪夫直线阵，激励幅度具有以下特点：天线单元 1 和 2 的激励幅度比值与天线单元 3 和 4 的比值相同，功分器 1 和功分器 2 所要实现的功分比是一样的，因此理论上只需要设计其中一种类型的功分器。下面将对图 3 - 3 中的功分器 1 和功分器 3 以及整个光功率分配网络进行优化仿真。

　　表 3 - 2 给出了功分器 1 中两个输出端口的激励幅度仿真值和期望值。图 3 - 4 是在 CST 中仿真优化得到的功分器 1 的结构模型，其中多模波导区的尺寸为 $2.80 \mu m \times 1.80 \mu m$，切除矩形的尺寸为 $0.43 \mu m \times 0.50 \mu m$。经过仿真，得到功分器 1 中各输出端口的输出特性，如图 3 - 5 所示。图中 S21 和 S31 分别代表从端口 P1 输入，端口 P2 和端口 P3 输出的光信号随频率的变化。图 3 - 5（a）是功分器 1 的输出端口 P2 和 P3 的激励幅度分配结果，满足期望的激励幅度比值。图 3 - 5（b）是功分器 1 的输出端口 P2 和 P3 的相位分布，相位偏差＜2°，满足设计要求。经过仿真得到，功分器 1 中各端口的回波损耗曲线如图 3 - 6 所示，其中 S11、S22、S33 分别代表端口 P1、端口 P2 和端口 P3 的回波损耗。从图 3 - 6 中可以看出，在 193.5 THz 频率处各端口的回波损耗均在－20 dB 以下，具有良好的匹配特性，功分器 1 的插入损耗为 0.96 dB。

表 3-2　功分器 1 输出端口的激励幅度仿真值和期望值

输出端口序号	幅度仿真值/dB	幅度仿真值(线性)	仿真比值	期望比值
P2	−4.586	0.589 8	0.876 4	0.878 2
P3	−3.440	0.673 0	1.000 0	1.000 0

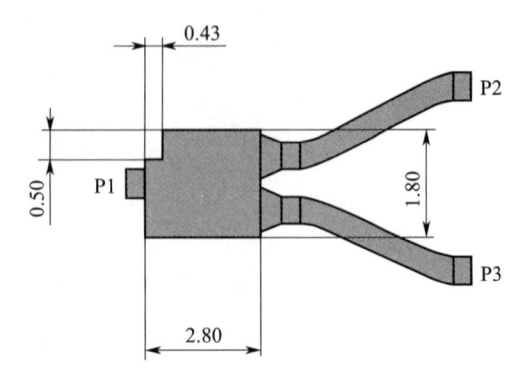

图 3-4　功分器 1 的结构模型（单位：μm）

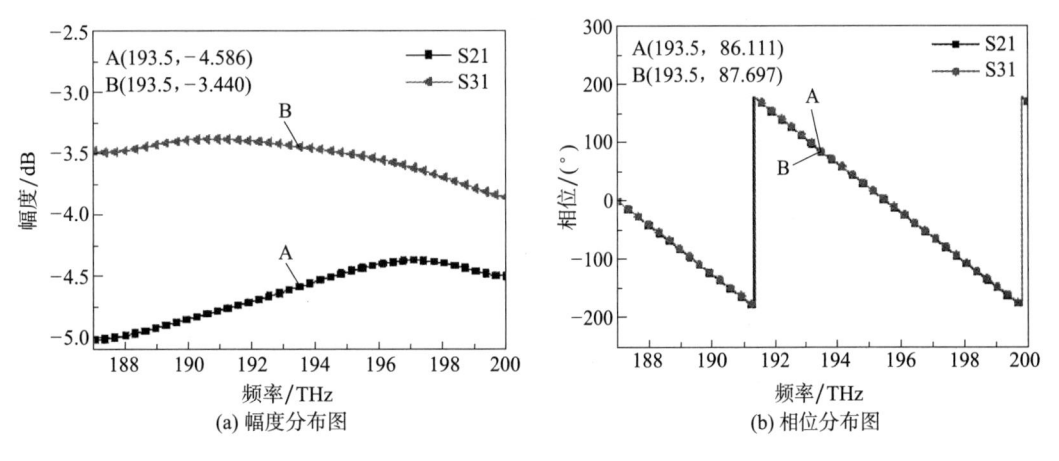

(a) 幅度分布图　　　　　　　(b) 相位分布图

图 3-5　功分器 1 中各输出端口的输出特性

表 3-3 是功分器 3 中两个输出端口的激励幅度仿真值和期望值；图 3-7 是在 CST 中仿真优化得到的功分器 3 的结构模型，其中多模波导区的尺寸为 2.95 μm × 1.80 μm，切除矩形的尺寸为 0.79 μm × 0.50 μm。经过仿真，得到功分器 3 中各输出端口的输出特性，如图 3-8 所示。图中 S21 和 S31 分别代表从端口 P1 输入，端口 P2 和端口 P3 输出的光信号随频率的变化。图 3-8（a）是功分器 3 的输出端口 P2 和 P3 的激励幅度分配结果，满足设计的激励幅度比值；图 3-8（b）是功分器 3 的输出端口 2 和 3 的相位分布，相位偏差＜1°，满足设计要求。经过仿真得到，功分器 3 中各端口的回波损耗曲线如图 3-9 所示，其中 S11、S22、S33 分别代表端口 P1、端口 P2 和端口 P3 的回波损耗。从图 3-9 中可以看出，在 193.5 THz 频率处回波损耗均小于 −20 dB，功分器 3 的插入损耗为 1.49 dB。

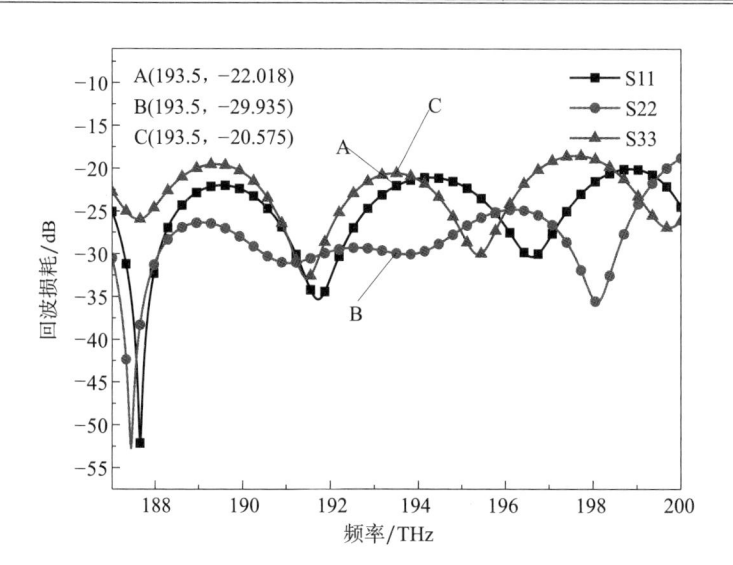

图 3-6 功分器 1 中各端口的回波损耗曲线图

表 3-3 功分器 3 输出端口的激励幅度仿真值和期望值

输出端口序号	幅度仿真值/dB	幅度仿真值(线性)	仿真比值	期望比值
P2	−6.652	0.464 9	0.662 4	0.661 3
P3	−3.074	0.701 9	1.000 0	1.000 0

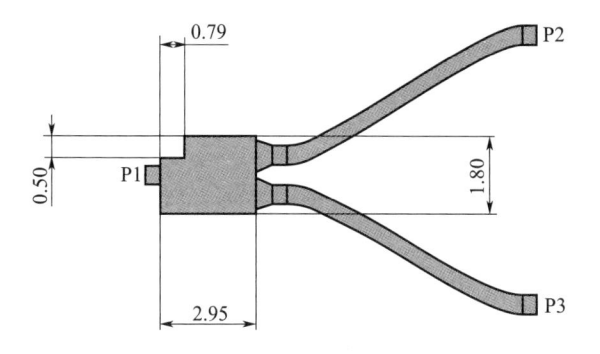

图 3-7 功分器 3 的结构模型（单位：μm）

　　基于对上述单个功分器的优化设计，进一步对整个光功率分配网络进行整体的仿真优化。图 3-10 是在 CST 中仿真优化得到的光功率分配网络的结构模型。为保证整个光功率分配网络中每个端口的激励幅度值与期望值一致，需进一步联合优化，对每个功分器的尺寸进行微调，并在图中标出。经过仿真计算得到光功率分配网络中各输出端口激励幅度的仿真值，将仿真值和期望值列于表 3-4 中。图 3-11 给出了光功率分配网络中各输出端口的输出特性，图中 S21、S31、…、S91 分别代表从端口 P1 输入，端口 P2、端口 P3、……、端口 P9 输出的光信号随频率的变化。图 3-11（a）是光功率分配网络中各输出端口的激励幅度分配结果，满足设计的激励幅度比值。

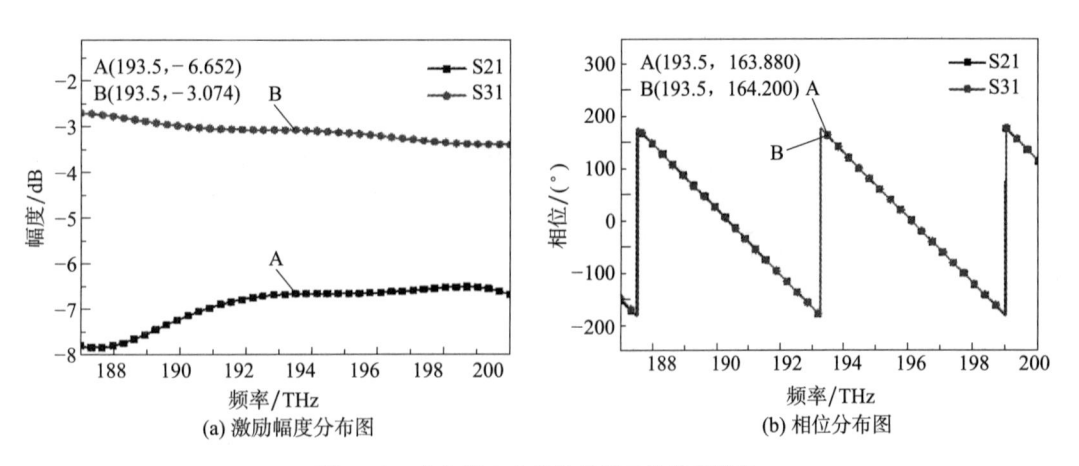

(a) 激励幅度分布图　　　　　　　(b) 相位分布图

图 3-8　功分器 3 中各输出端口的输出特性

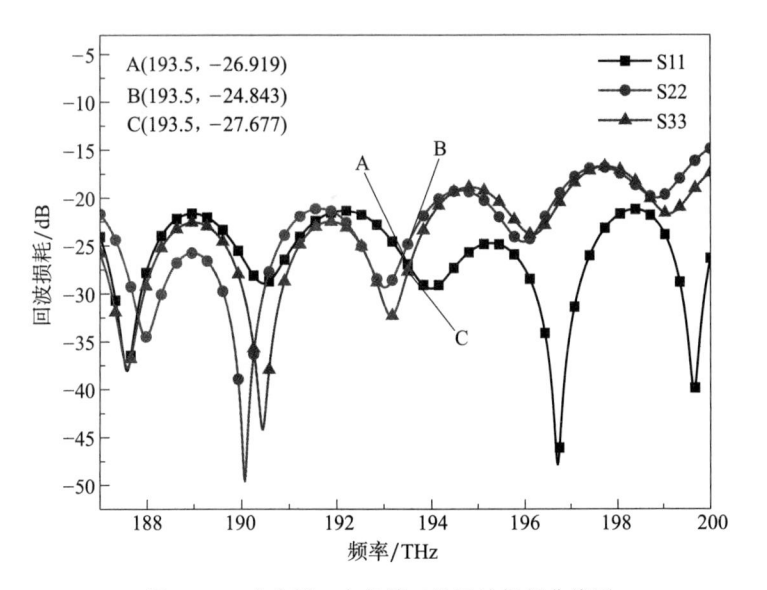

图 3-9　功分器 3 中各端口的回波损耗曲线图

图 3-11（b）是光功率分配网络中各输出端口的相位分布，相位偏差＜2°，满足设计要求。经过仿真得到，光功率分配网络中各端口的回波损耗曲线如图 3-12 所示，其中 S11、S22、…、S99 分别代表端口 P1、端口 P2、……、端口 P9 的回波损耗。从图 3-12 中可以看出，在 193.5 THz 频率处各个端口的回波损耗，均在 -10 dB 以下。光功率分配网络的插入损耗为 3.31 dB。

表 3-4　光功率分配网络输出端口的激励幅度仿真值和期望值

输出端口序号	幅度仿真值/dB	幅度仿真值（线性）	仿真比值	期望比值
P2	-15.11	0.175 6	0.577 4	0.579 9
P3	-14.00	0.199 5	0.656 0	0.660 3

续表

输出端口序号	幅度仿真值/dB	幅度仿真值（线性）	仿真比值	期望比值
P4	−11.51	0.265 8	0.874 2	0.875 1
P5	−10.34	0.304 1	1.000 0	1.000 0
P6	−10.34	0.304 1	1.000 0	1.000 0
P7	−11.51	0.265 8	0.874 2	0.875 1
P8	−14.00	0.199 5	0.656 0	0.660 3
P9	−15.11	0.175 6	0.577 4	0.579 9

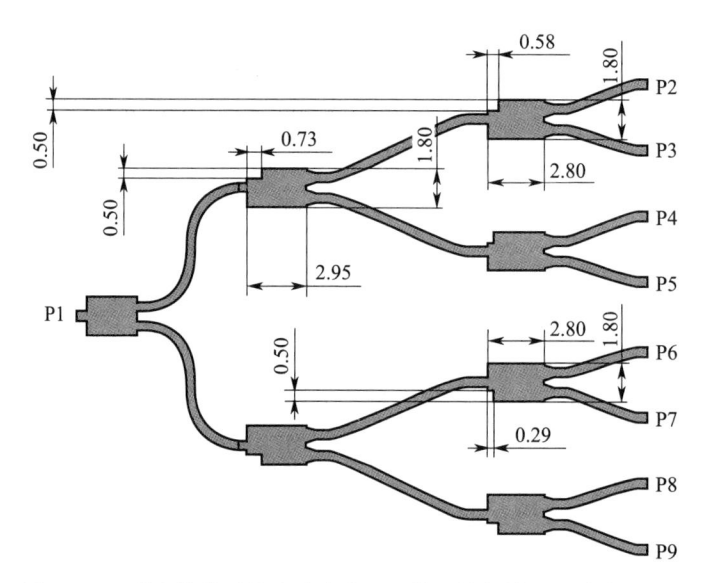

图 3-10 联合优化后的光功率分配网络的结构模型（单位：μm）

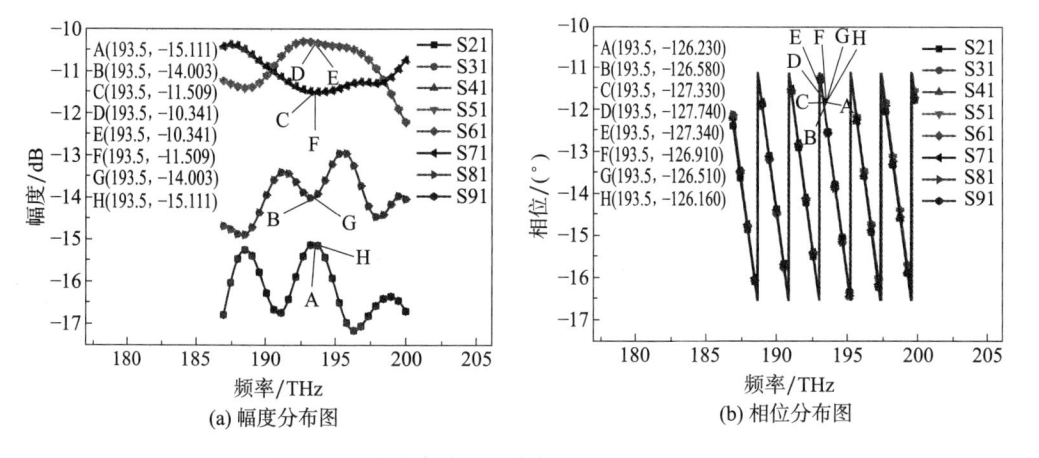

图 3-11 光功率分配网络各输出端口的输出特性

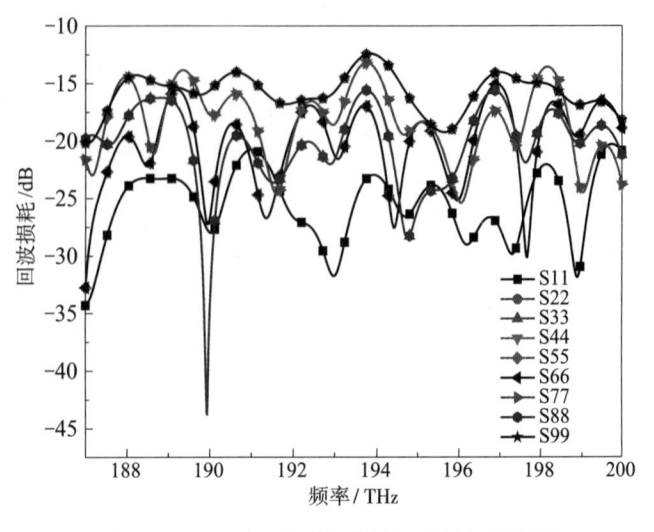

图 3-12　光功率分配网络的回波损耗曲线图

从优化结果可知，光功率分配网络实现了设计要求的相位和幅度分布。进一步将优化好的光功率分配网络与光天线单元连接在一起，组成一个切比雪夫直线阵，在 CST 中整体建模仿真。

切比雪夫直线阵的仿真模型如图 3-13 所示。图 3-14 是该阵列的回波损耗曲线，从图中可以看出回波损耗在 −10 dB 以下，说明光功率分配网络的输入端口具有良好的匹配特性。图 3-15（a）是该阵列在 $\varphi = 90°$ 平面的远场辐射方向图，由于在这个方向上未采用切比雪夫加权，得到的副瓣电平比较高。图 3-15（b）是 $\varphi = 0°$ 平面的远场辐射方向图，仿真得到的副瓣电平为 SLL＝−16.5 dB，其中±30°角对应的是栅瓣。仿真得到的副瓣电平与期望值−20 dB 具有 3.5 dB 的差距，是由于光天线单元之间的最小距离仅为 0.3 μm，即 0.19λ，光天线单元之间存在较大的耦合，耦合影响了各个光天线单元的相对幅度和相位分布，最终影响了降低副瓣的效果。

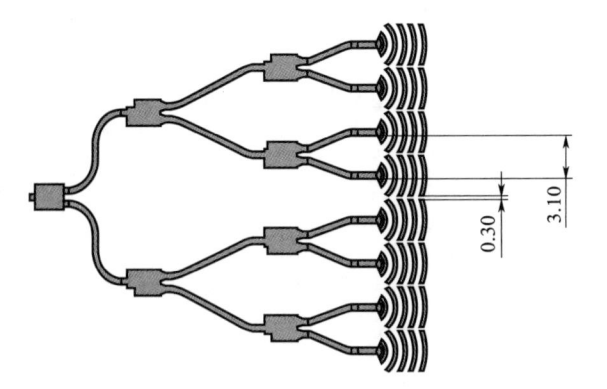

图 3-13　切比雪夫直线阵的仿真模型图（单位：μm）

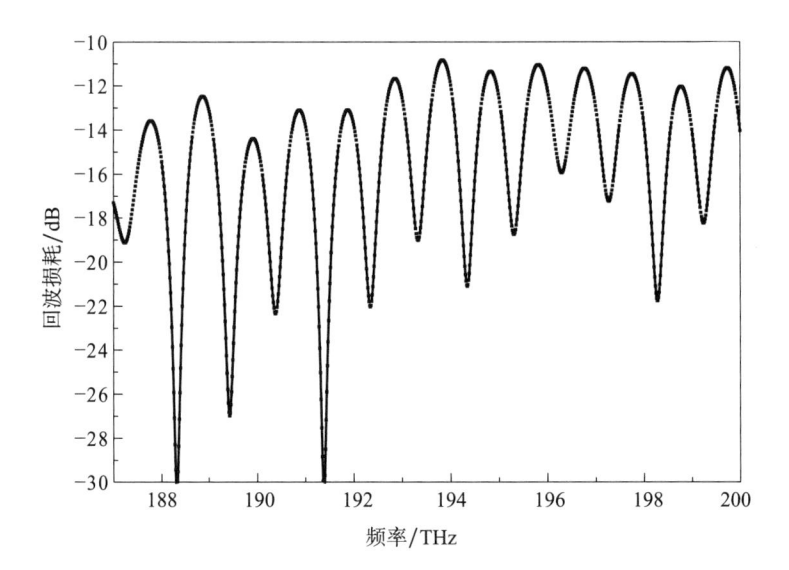

图 3 - 14　切比雪夫直线阵的回波损耗曲线图

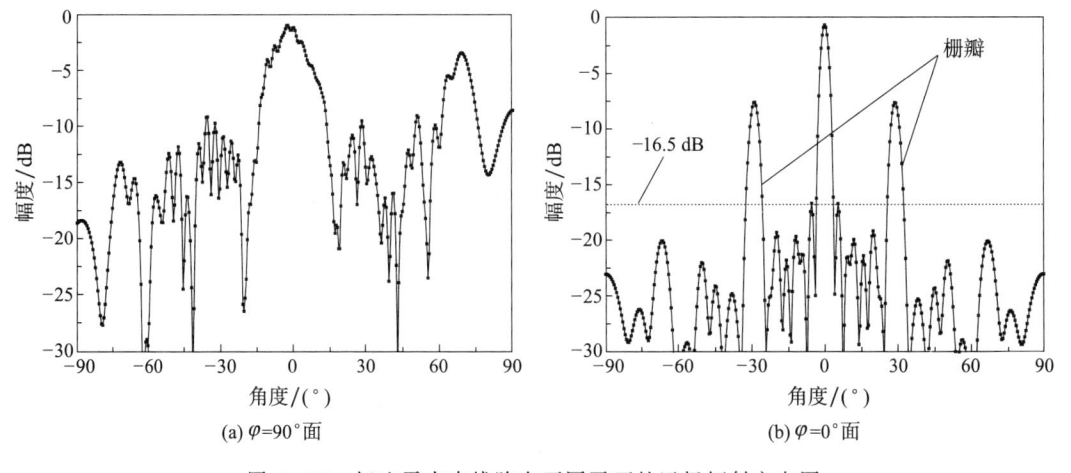

图 3 - 15　切比雪夫直线阵在不同平面的远场辐射方向图

3.2.2　非等间距阵列低副瓣设计

由于受天线单元尺寸较大的约束，等间距分布的光相控阵的辐射方向图在扫描时会出现栅瓣，进而限制了波束扫描范围。为解决副瓣电平高、扫描范围小的问题，可通过分阶段的优化阵元间距分布和阵元相位分布来实现光相控阵的低副瓣和宽角扫描。首先利用粒子群优化算法优化光天线阵列中阵元间距的分布实现副瓣电平的降低和栅瓣抑制；得到阵元间距分布后，进一步通过粒子群优化算法优化不同扫描角下各个阵元的相位分布来实现扫描状态下副瓣的进一步降低，最终实现光相控阵的低副瓣和宽角扫描。

3.2.2.1 优化阵元间距分布的低副瓣阵列设计

为有效降低光相控阵的副瓣并同时抑制栅瓣，首先利用粒子群优化算法寻找最优的阵元间距分布。

在优化光相控阵阵元间距分布这一问题中，需同时考虑副瓣电平和波束宽度，因此将目标函数设置为关于副瓣和半功率波束宽度（half power beam width，HPBW）的加权和。该最优化问题的数学模型可以表示为

$$
\begin{cases}
\min\left(\omega_1 \text{SLL} + \omega_2 \text{HPBW}\right) \\
s.t. \quad \min(d_1, d_2, \cdots, d_{n-1}) \geqslant d_{\min} \\
\qquad \max(d_1, d_2, \cdots, d_{n-1}) \leqslant d_{\max} \\
\qquad \text{SLL} = 20\lg\left\{\dfrac{\max[S(\theta_1), S(\theta_2), \cdots, S(\theta_M)]}{S(\theta_s)}\right\}
\end{cases}
\tag{3-16}
$$

式中　SLL，HPBW——副瓣电平和波束宽度；

　　　ω_1，ω_2——目标函数中副瓣和波束宽度的权重系数；

　　　$d_{\min}$——最小的阵元间距约束；

　　　$d_{\max}$——最大的阵元间距约束；

　　　θ_1，θ_2，$\cdots$，θ_M——副瓣区域的 M 个离散角度；

　　　θ_s——主波束的指向角；

　　　S——远场方向图函数。

在仿真中选取合适的计算参数是至关重要的。将迭代次数设置为 2 000、种群规模设置为 200、学习因子设置为 $c_1 = c_2 = 2$。在阵列优化设计中采用亚波长量级的等离子体激元纳米光天线[37]，考虑到单元之间的互耦问题，在优化中，阵元间距最小值设置为 $d_{\min} = 0.8\lambda$，阵元间距最大值设置为 $d_{\max} = 3\lambda$，采用光通信常用的波长 $\lambda = 1\,550$ nm。粒子运动速度的最小值设置为 $v_{d\min} = \dfrac{(d_{\min} - d_{\max})}{2}$，最大值设置为 $v_{d\max} = \dfrac{(d_{\max} - d_{\min})}{2}$。

根据上述优化方法，优化阵元数分别为 64、128、256、512、1 024 的一维光天线阵列的阵元间距分布，并计算在该阵元间距分布下得到的阵列远场辐射方向图。

（1）64 阵元光天线阵列的仿真优化设计

以 64 阵元的光天线阵列为例，采用上述粒子群优化算法优化其阵元间距分布。

图 3-16（a）和（b）分别是优化得到的阵元间距分布和波束不扫描（$\theta_s = 0°$）时的远场方向图。图 3-16（b）表明，经过优化后的非等间距光天线阵列在波束不扫描时，远场方向图的副瓣电平为 −20.90 dB。为了减少优化的复杂度，提高优化的效率，可以将阵元间距设置为对称分布的形式。图 3-17（a）和（b）分别是在阵元间距对称分布约束

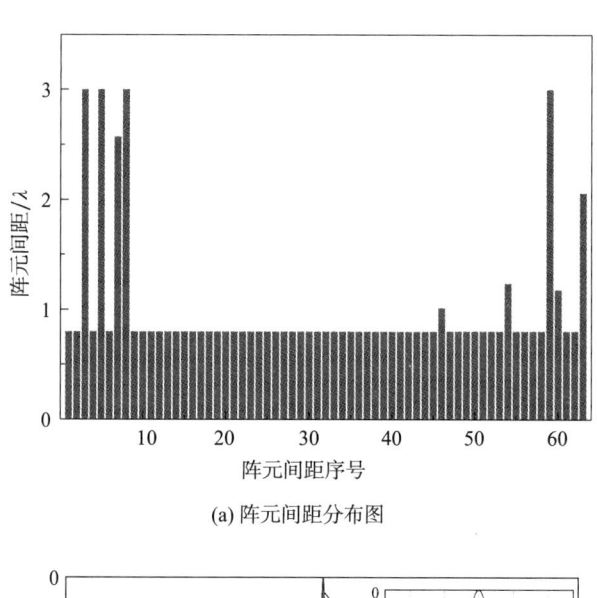

(a) 阵元间距分布图

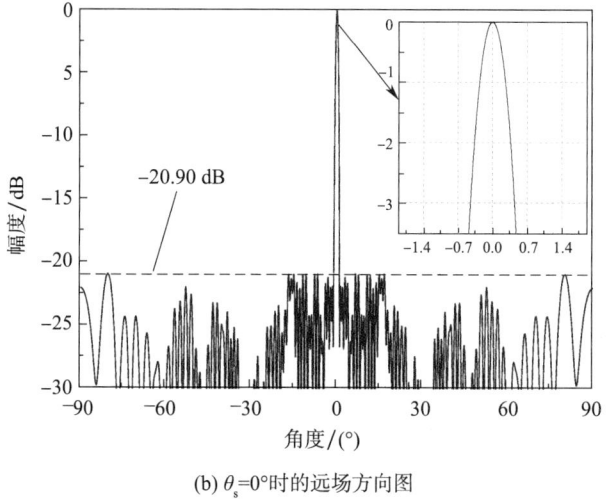

(b) $\theta_s=0°$时的远场方向图

图 3 - 16　64 阵元一维光天线阵列的阵元间距分布和波束不扫描（$\theta_s=0°$）时的远场辐射方向图

下进行优化得到的阵元间距分布和波束不扫描（$\theta_s=0°$）时的远场方向图，经过优化后的非等间距光天线阵列在波束不扫描时，远场方向图的副瓣电平为－20.14 dB。对比图 3 - 16（b）和图 3 - 17（b）可以发现，两种阵元间距约束条件下得到的远场辐射方向图中副瓣电平基本接近，并且从图 3 - 16（a）可以看出阵元间距基本也呈现对称分布。在后续的优化中将阵元分布设置为对称分布。

　　作为对比，计算了相同口径、相同阵元规模条件下的等间距阵列的远场辐射方向图。图 3 - 18 是同口径等间距分布的 64 阵元一维光相控阵在波束不扫描（$\theta_s=0°$）时的远场方向图。从图中可看出，该均匀阵列的远场方向图中出现了栅瓣，且副瓣明显，其副瓣电平约为－13.5 dB，栅瓣出现在±62.44°处。

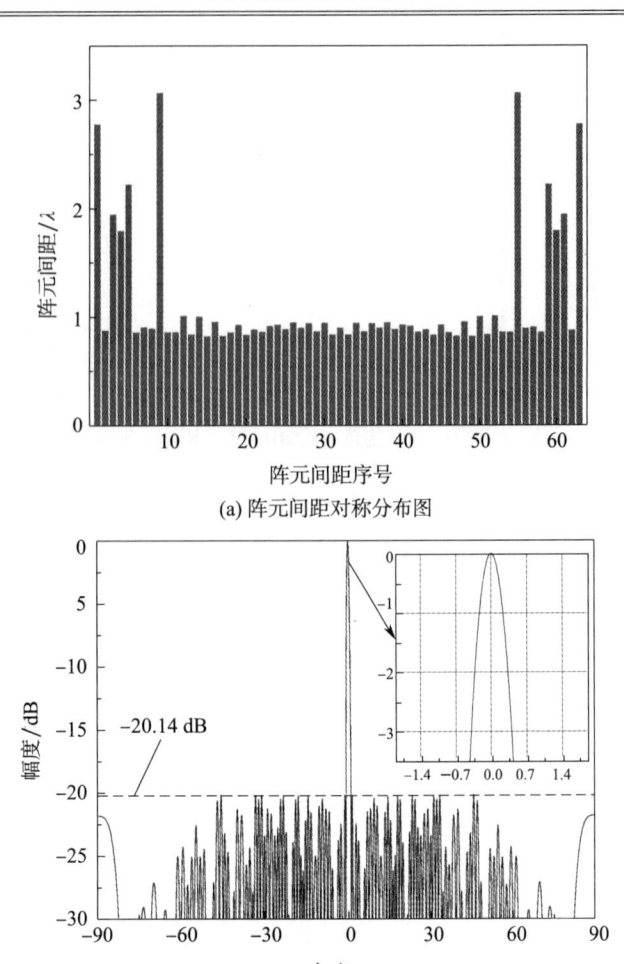

(a) 阵元间距对称分布图

(b) $\theta_s = 0°$时的远场方向图

图 3-17　阵元间距对称分布的 64 阵元一维光天线阵列的阵元间距分布

和波束不扫描（$\theta_s = 0°$）时的远场辐射方向图

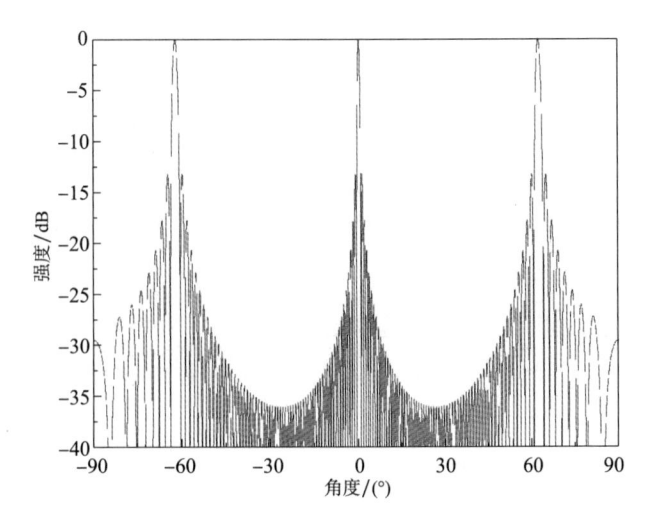

图 3-18　同口径 64 阵元等间距阵列在波束不扫描（$\theta_s = 0°$）时的远场方向图

（2）128 阵元光天线阵列的仿真优化设计

同样利用粒子群优化算法，计算得到阵元间距对称分布的 128 阵元的一维光天线阵列的阵元间距分布及其在波束不扫描时的远场方向图，如图 3 – 19（a）和图 3 – 19（b）所示。图 3 – 19（b）表明，经过优化后的 128 阵元的非等间距光天线阵列在波束不扫描时，远场方向图的副瓣电平为 −21.48 dB。

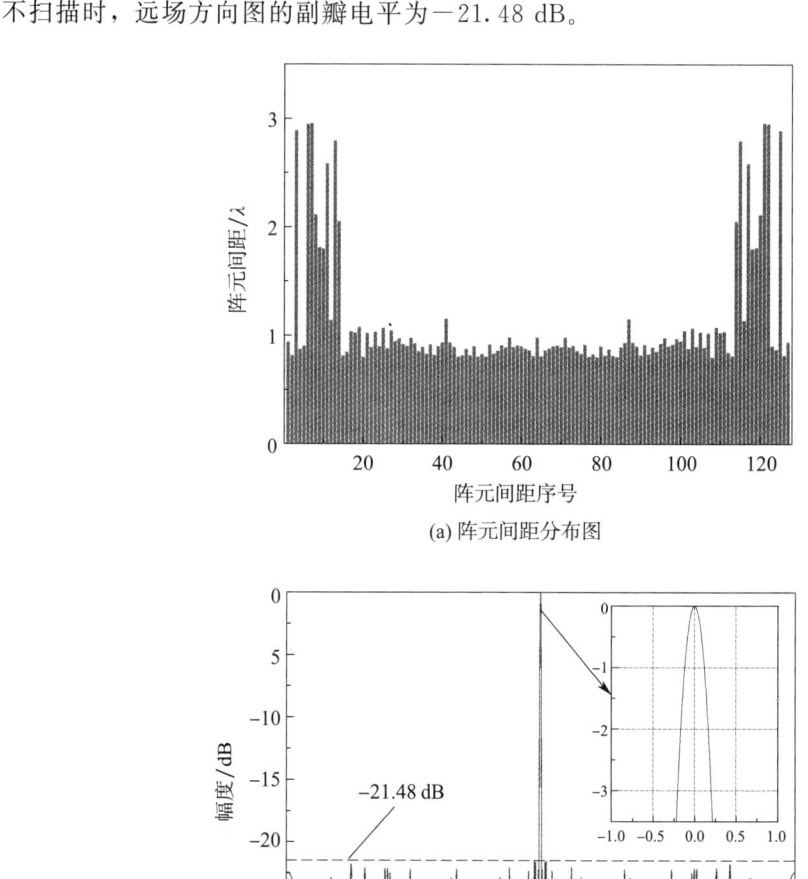

(a) 阵元间距分布图

(b) $\theta_s=0°$时的远场方向图

图 3 – 19　阵元间距对称分布的 128 阵元一维光天线阵列的阵元间距分布和
波束不扫描（$\theta_s=0°$）时的远场辐射方向图

作为对比，计算了相同口径、相同阵元规模条件下的等间距阵列的远场辐射方向图。图 3 – 20 是 128 阵元的等间距一维光相控阵在波束不扫描（$\theta_s=0°$）时的远场方向图。从图中可以看出该均匀阵列的远场方向图中出现了栅瓣，且副瓣明显，其副瓣电平约为 −13.5 dB，栅瓣出现在 ±62.47° 处。

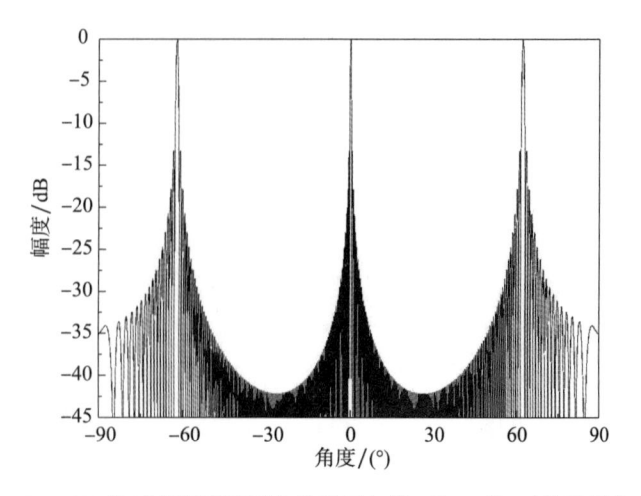

图 3 - 20　128 阵元等间距阵列在波束不扫描（$\theta_s = 0°$）时的远场方向图

（3）256 阵元光天线阵列的仿真优化设计

图 3 - 21（a）和图 3 - 21（b）分别给出了利用粒子群优化算法优化得到的对称分布的 256 阵元的一维光天线阵列的阵元间距分布和波束不扫描（$\theta_s = 0°$）时的远场方向图。图 3 - 21（b）表明，经过优化后的 256 阵元的非等间距光天线阵列在波束不扫描时，远场方向图的副瓣电平为 -21.29 dB。

作为对比，计算了相同口径、相同阵元规模条件下的等间距阵列的远场辐射方向图。图 3 - 22 是 256 阵元的同口径等间距一维光相控阵在波束不扫描（$\theta_s = 0°$）时的远场方向图。从图中可以看出该均匀阵列的远场方向图中出现了栅瓣，且副瓣明显，其副瓣电平约为 -13.5 dB，栅瓣出现在 ±55.84° 处。

（4）512 阵元光天线阵列的仿真优化设计

图 3 - 23（a）和图 3 - 23（b）分别给出了利用粒子群优化算法优化得到的对称分布的 512 阵元的一维光天线阵列的阵元间距分布和波束不扫描（$\theta_s = 0°$）时的远场辐射方向图。图 3 - 23（b）表明，经过优化后的 256 阵元的非等间距光天线阵列在波束不扫描时，远场方向图的副瓣电平为 -21.30 dB。

作为对比，计算了相同口径、相同阵元规模条件下的等间距阵列的远场辐射方向图。图 3 - 24 是 512 阵元的同口径等间距一维光相控阵在波束不扫描（$\theta_s = 0°$）时的远场方向图。从图中可以看出该均匀阵列的远场方向图中出现了栅瓣，且副瓣明显，其副瓣电平约为 -13.5 dB，栅瓣出现在 ±53.00° 处。

（5）1 024 阵元光天线阵列的仿真优化设计

图 3 - 25（a）和图 3 - 25（b）分别给出了利用粒子群优化算法优化得到的对称分布的 1 024 阵元的一维光天线阵列的阵元间距分布和波束不扫描（$\theta_s = 0°$）时的远场方

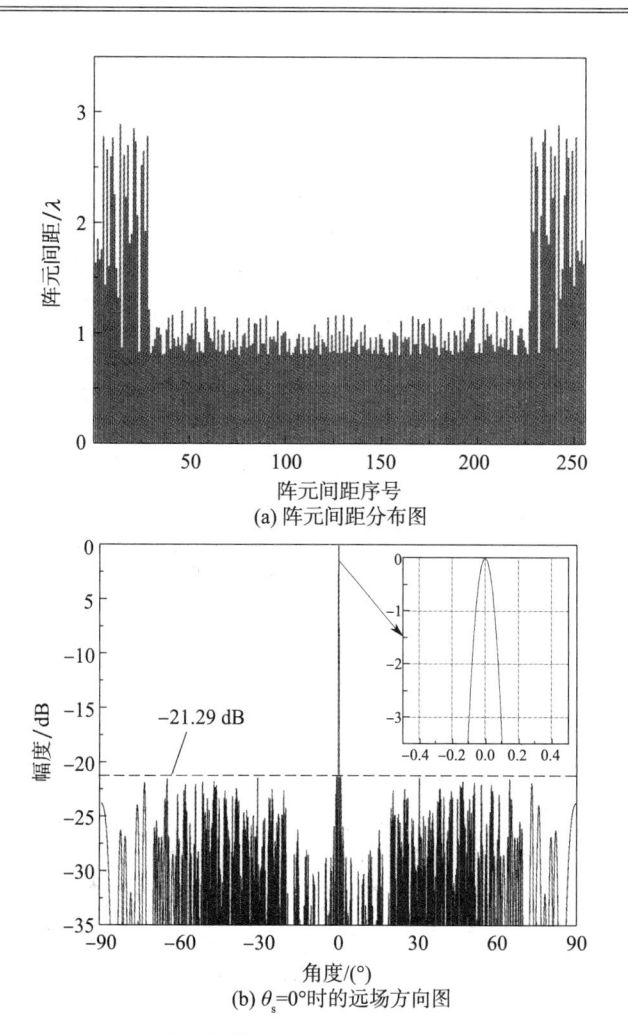

(a) 阵元间距分布图

(b) $\theta_s = 0°$时的远场方向图

图 3 - 21　阵元间距对称分布的 256 阵元一维光天线阵列的阵元间距分布和
波束不扫描（$\theta_s = 0°$）时的远场辐射方向图

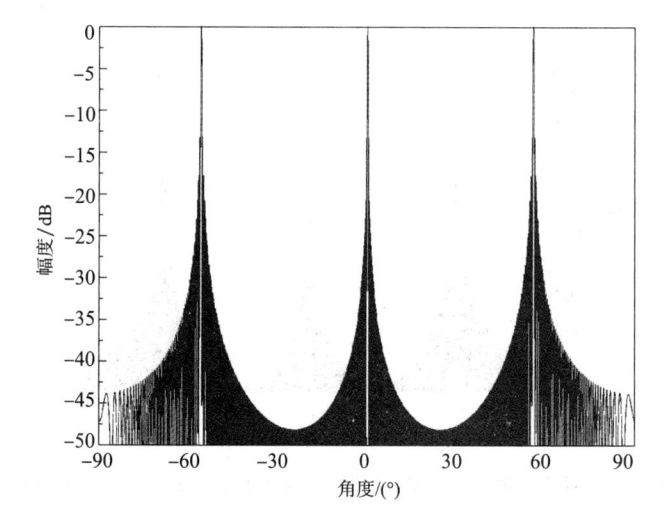

图 3 - 22　同口径 256 阵元等间距阵列在波束不扫描（$\theta_s = 0°$）时的远场方向图

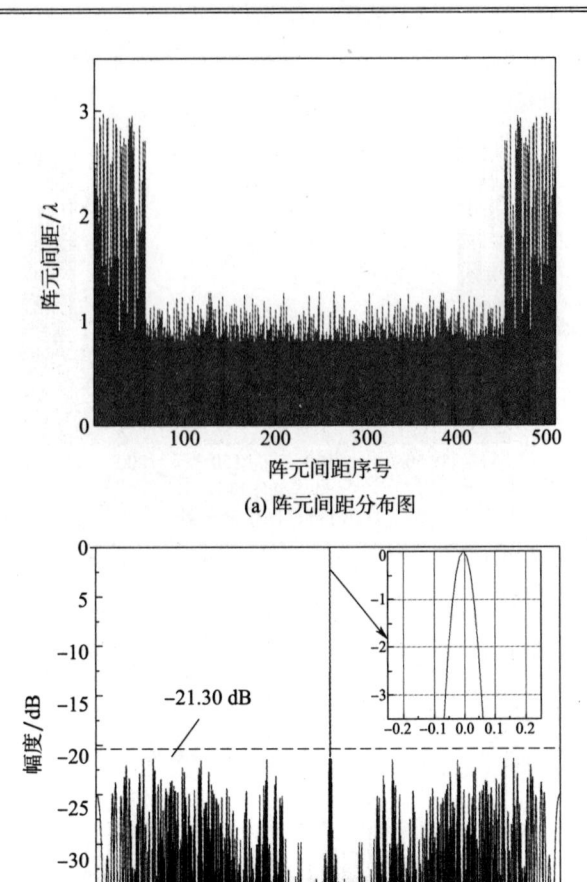

(a) 阵元间距分布图

(b) $\theta_s=0°$时的远场方向图

图 3-23　阵元间距对阵分布的 512 阵元一维光天线阵列的阵元间距分布和

波束不扫描（$\theta_s=0°$）时的远场辐射方向图

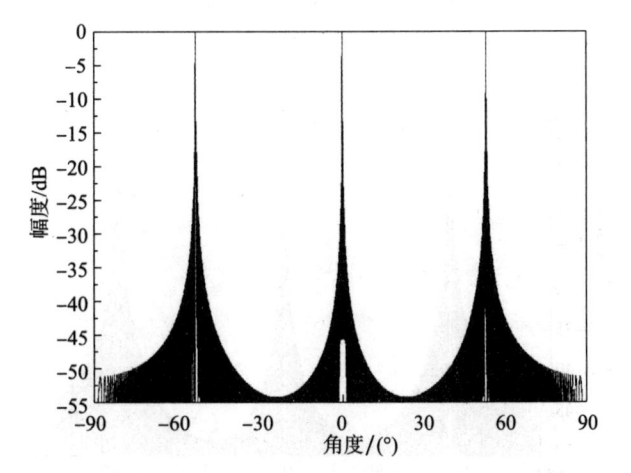

图 3-24　同口径 512 阵元等间距阵列在波束不扫描（$\theta_s=0°$）时的远场方向图

向图。图 3-25（b）表明，经过优化后的 1 024 阵元的非等间距光天线阵列在波束不扫描时，远场方向图的副瓣电平为−20.50 dB。

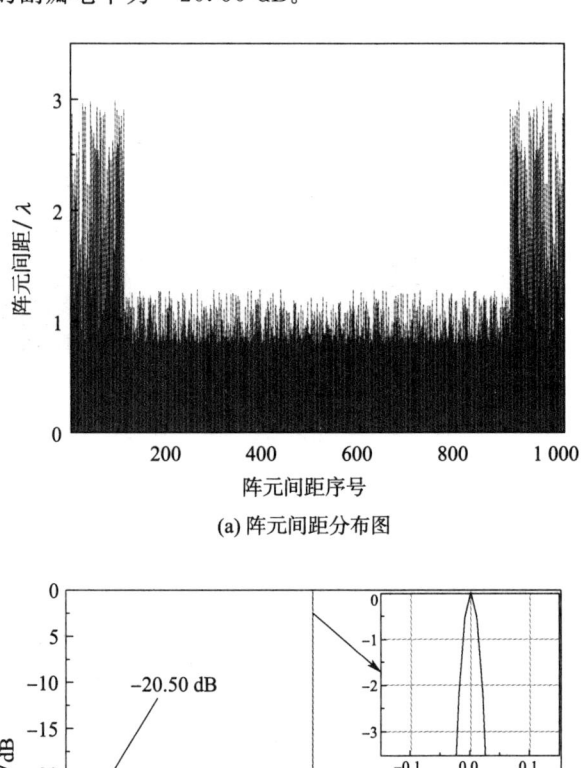

(a) 阵元间距分布图

(b) $\theta_s = 0°$ 时的远场方向图

图 3-25　阵元间距对称分布的 1 024 阵元一维光天线阵列的阵元间距分布和波束不扫描（$\theta_s = 0°$）时的远场辐射方向图

作为对比，计算了相同口径、相同阵元规模条件下的等间距阵列的远场辐射方向图。图 3-26 是 1 024 阵元的同口径等间距一维光相控阵在波束不扫描（$\theta_s = 0°$）时的远场方向图。从图中可以看出该均匀阵列的远场方向图中出现了栅瓣，且副瓣明显，其副瓣电平约为−13.5 dB，栅瓣出现在±53.81°处。

通过对比上述仿真结果发现，在相同口径、相同阵元规模条件下，对于等间距的光相控阵来说，远场方向图中会出现栅瓣，而通过非等间距排布阵元分布可以有效地抑制栅瓣，并且在扫描角为 $\theta_s = 0°$，副瓣电平均可以低于−20 dB，优于等间距阵列的

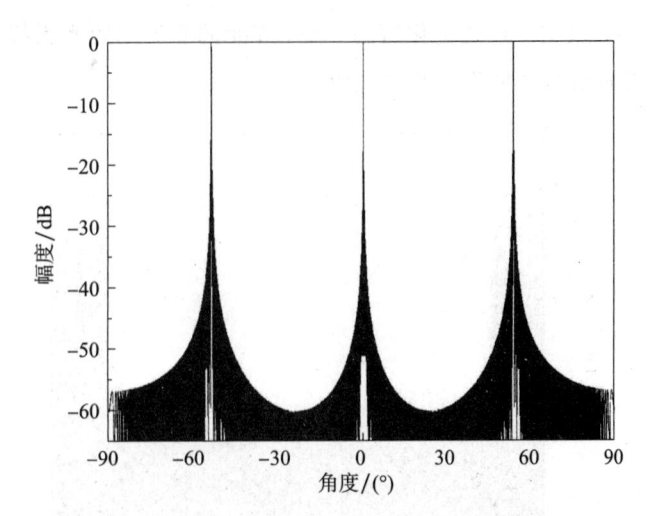

图 3 - 26　同口径 1 024 阵元等间距阵列在波束不扫描（$\theta_s = 0°$）时的远场方向图

—13.5 dB。在等间距排布和非等间距排布的光相控阵的远场辐射方向图中，主瓣波束宽度基本相等。

3.2.2.2　阵元位置确定后优化相位分布的低副瓣宽角扫描阵列设计

通过粒子群优化阵元间距可以实现远场方向图在不扫描情况下副瓣的有效降低以及栅瓣抑制，但是当波束在扫描状态下，阵列的远场方向图中副瓣电平明显抬升。对于一个确定的光相控阵只能有一组特定的阵元间距分布，但是光相控阵中激励相位是可以实时改变的，因此进一步利用粒子群优化算法优化不同扫描角度下各个阵元的相位，在保证扫描角方向强度最大的同时使其副瓣电平尽可能降低[66]。

在优化光相控阵阵元激励相位分布这一问题中，需同时考虑副瓣电平和波束宽度，因此将目标函数设置为关于副瓣电平和波束宽度的加权和。该最优化问题的数学模型可以表示为

$$
\begin{cases}
\min\ (\omega_1 \mathrm{SLL} + \omega_2 \mathrm{HPBW}) \\
s.t.\ \min(\alpha_1, \alpha_2, \cdots, \alpha_{n-1}) \geqslant p_{\min} \\
\qquad \max(\alpha_1, \alpha_2, \cdots, \alpha_{n-1}) \leqslant p_{\max} \\
\qquad \mathrm{SLL} = 20\lg\left\{\dfrac{\max[S(\theta_1), S(\theta_2), \cdots, S(\theta_M)]}{S(\theta_s)}\right\}
\end{cases}
\tag{3-17}
$$

式中　SLL，HPBW——副瓣电平和波束宽度；

ω_1，ω_2——适应度函数中副瓣电平和波束宽度的权重系数；

α_n ——第 n 个天线中光的相位；

$p_{\min}$ ——最小的相位约束；

$p_{\max}$ ——最大的相位约束；

θ_1, θ_2, …, θ_M ——副瓣区域的 M 个离散角度;

θ_s ——波束指向角;

S ——远场方向图函数。

将式（3-1）中的相位项用 α_n 代替,得到阵元数为 N 的一维光天线阵列的远场方向图的表达式为

$$E(\theta) = \sum_{n=1}^{N} A_n \exp\left[j\left(\frac{2\pi}{\lambda} x_n \sin\theta + \alpha_n \right) \right] \tag{3-18}$$

式中　n ——阵元的序号（$n=1$, 2, 3, …, N）;

A_n ——第 n 个光天线单元的激励幅度;

x_n ——第 n 个阵元的位置。

在寻找最优解的过程中,用式（3-18）计算远场辐射方向图 S,将迭代次数设置为 3 000,种群规模设置为 200、学习因子设置为 $c_1 = c_2 = 2$,光天线阵列的阵元间距分布为上一步利用粒子群优化出来的结果。最小的相位设置为 $p_{min} = 0$,最大相位设置为 $p_{max} = 2\pi$,同样最小速度设置为 $v_{pmin} = \dfrac{(p_{min} - p_{max})}{2}$,最大值设置为 $v_{pmax} = \dfrac{(p_{max} - p_{min})}{2}$。

（1）64 阵元非等间距光天线阵列的相位分布仿真优化设计

图 3-27 是 64 阵元非等间距光无线阵列在波束扫描状态下的远场方向图,其中图 3-27（a）是通过公式（3-1）不优化相位直接计算得到的远场扫描方向图,图 3-27（b）是通过粒子群优化算法优化相位得到的远场扫描方向图。

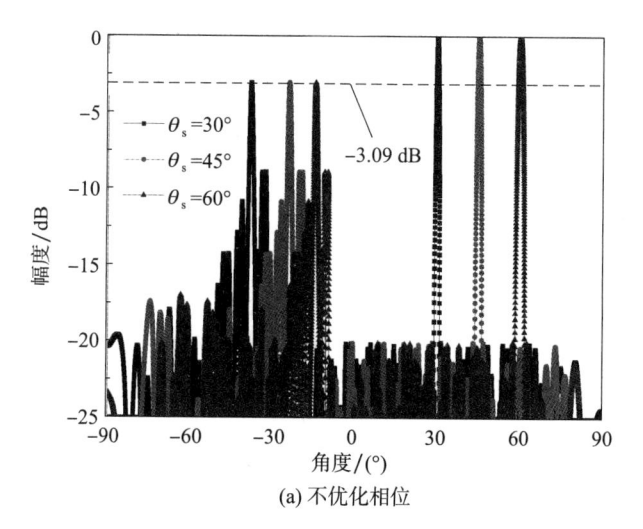

(a) 不优化相位

图 3-27　64 阵元非等间距光天线阵列的波束远场扫描方向图

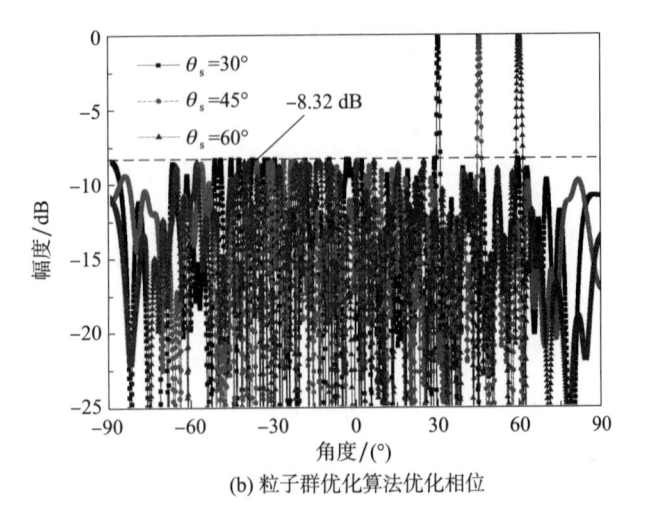

(b) 粒子群优化算法优化相位

图 3 - 27　64 阵元非等间距光天线阵列的波束远场扫描方向图（续）

　　64 阵元非等间距光天线阵列在不进行相位优化和利用粒子群优化算法优化相位分布后得到的波束远场扫描方向图参数对比如表 3 - 5 所示。

表 3 - 5　64 阵元非等间距光天线阵列的远场扫描方向图参数对比

角度/(°)	不优化相位		优化相位	
	副瓣/dB	波束宽度/(°)	副瓣/dB	波束宽度/(°)
0	−20.14	0.81	−20.14	0.81
30	−3.09	0.93	−8.32	0.88
45	−3.09	1.14	−8.46	1.05
60	−3.09	1.61	−8.48	1.55

　　通过优化阵元间距分布、阵元相位分布设计的 64 阵元的光天线阵列可以实现±60°的扫描范围，波束法向副瓣电平为 −20.14 dB，波束宽度为 0.81°；在扫描状态下，副瓣电平低于 −8.32 dB，波束宽度低于 1.6°。

　　（2）128 阵元非等间距光天线阵列的相位分布仿真优化设计

　　图 3 - 28 是 128 阵元非等间距光天线阵列在波束扫描状态下的远场方向图，其中图 3 - 28 （a）是通过公式（3 - 1）不优化相位直接计算得到的远场扫描方向图，图 3 - 28 （b）是通过粒子群优化算法优化相位得到的远场扫描方向图。

　　128 阵元非等间距光天线阵列在不进行相位优化和利用粒子群优化算法优化相位分布后得到的波束远场扫描方向图参数对比如表 3 - 6 所示。

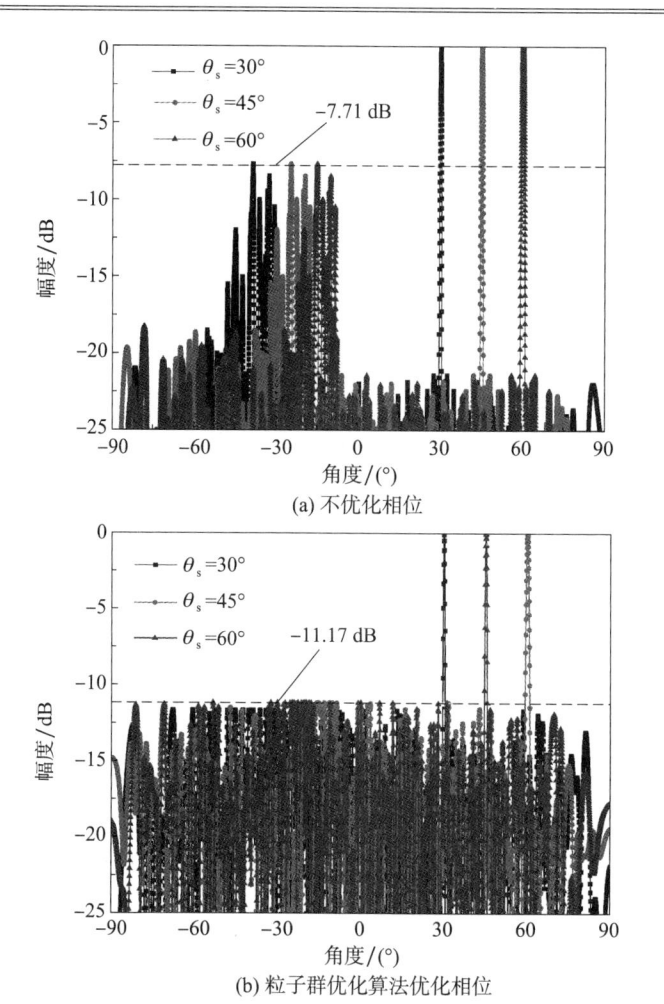

(a) 不优化相位

(b) 粒子群优化算法优化相位

图 3-28 128 阵元非等间距光天线阵列的波束远场扫描方向图

表 3-6 128 阵元非等间距光天线阵列的远场扫描方向图参数对比

角度/(°)	不优化相位		优化相位	
	副瓣/dB	波束宽度/(°)	副瓣/dB	波束宽度/(°)
0	−21.48	0.40	−21.49	0.40
30	−7.79	0.47	−11.65	0.48
45	−7.79	0.57	−11.17	0.57
60	−7.79	0.81	−11.18	0.90

通过优化阵元间距分布、阵元相位分布设计的 128 阵元的光天线阵列可以实现 ±60° 的扫描范围，波束法向副瓣电平为 −21.49 dB，波束宽度为 0.40°；在扫描状态下，副瓣电平低于 −11.17 dB，波束宽度低于 1.0°。

（3）256 阵元非等间距光天线阵列的相位分布仿真优化设计

图 3-29 是 256 阵元非等间距光天线阵列在波束扫描状态下的远场方向图，其中图

3-29（a）是通过公式（3-1）不优化相位直接计算得到的远场扫描方向图，图3-29（b）是通过粒子群优化算法优化相位得到的远场扫描方向图。

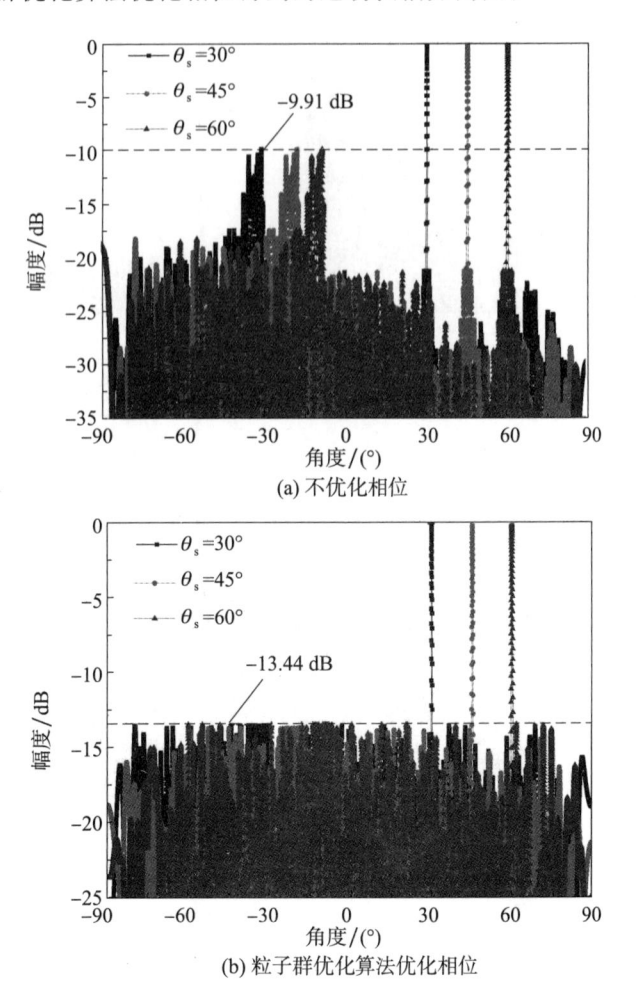

图3-29　256阵元非等间距光天线阵列的波束远场扫描方向图

256阵元非等间距光天线阵列在不进行相位优化和利用粒子群优化算法优化相位分布后得到的波束远场扫描方向图参数对比如表3-7所示。

表3-7　256阵元非等间距光天线阵列的远场扫描方向图参数对比

角度/(°)	不优化相位		优化相位	
	副瓣/dB	波束宽度/(°)	副瓣/dB	波束宽度/(°)
0°	−21.29	0.19	−21.39	0.19
30°	−9.91	0.22	−13.50	0.21
45°	−9.91	0.27	−13.68	0.27
60°	−9.91	0.39	−13.44	0.36

通过优化阵元间距分布、阵元相位分布设计的 256 阵元的光天线阵列可以实现 ±60°的扫描范围,波束法向副瓣电平为－21.39 dB,波束宽度为 0.19°;在扫描状态下,副瓣电平低于－13.44 dB,波束宽度低于 0.4°。

(4) 512 阵元非等间距光天线阵列的相位分布仿真优化设计

图 3-30 是 512 阵元非等间距光天线阵列在波束扫描状态下的远场方向图,其中图 3-30 (a) 是通过公式 (3-1) 不优化相位直接计算得到的远场扫描方向图,图 3-30 (b) 是通过粒子群优化算法优化相位得到的远场扫描方向图。

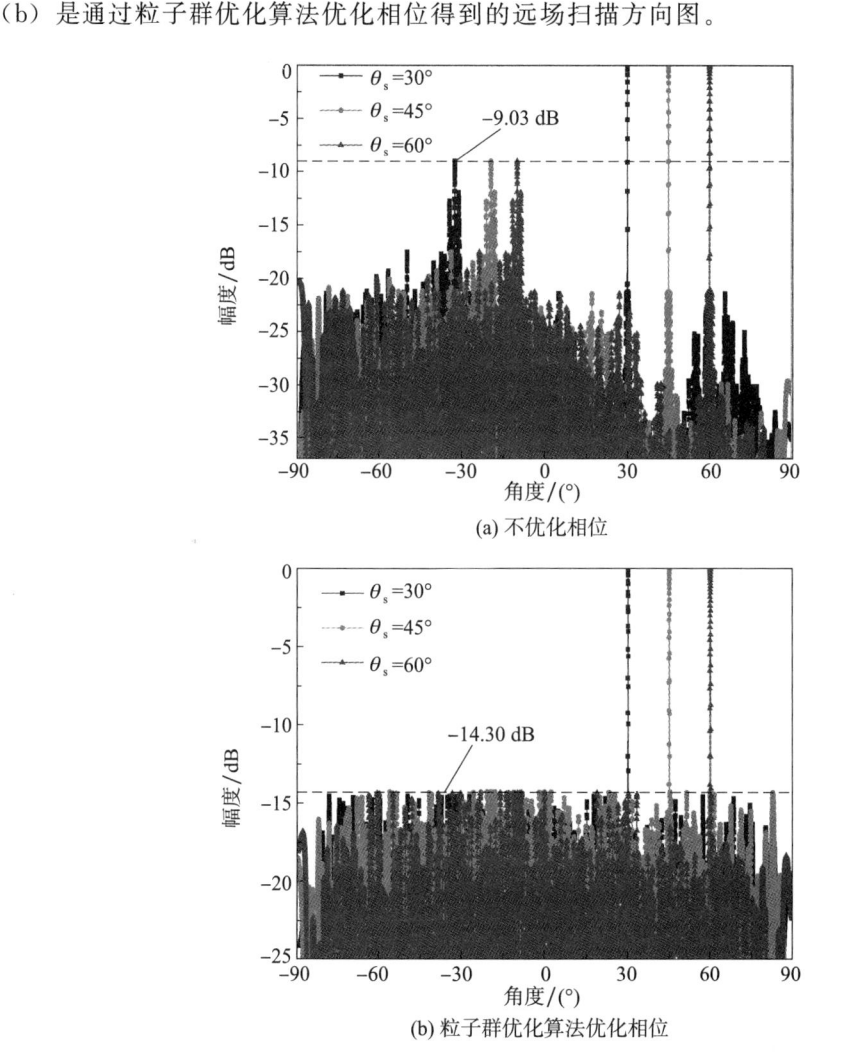

图 3-30　512 阵元非等间距光天线阵列的波束远场扫描方向图

512 阵元非等间距光天线阵列在不进行相位优化和利用粒子群优化算法优化相位分布后得到的波束远场扫描方向图参数对比如表 3-8 所示。

表 3 - 8　512 阵元非等间距光天线阵列的远场扫描方向图参数对比

角度/(°)	不优化相位		优化相位	
	副瓣/dB	波束宽度/(°)	副瓣/dB	波束宽度/(°)
0°	−21.29	0.09	−21.53	0.09
30°	−9.03	0.11	−14.56	0.11
45°	−9.03	0.13	−14.30	0.13
60°	−9.03	0.19	−14.36	0.18

　　通过优化阵元间距分布、阵元相位分布设计的 512 阵元的光天线阵列可以实现±60°的扫描范围，波束法向副瓣电平为−21.53 dB，波束宽度为 0.09°；在扫描状态下，副瓣电平低于−14.30 dB，波束宽度低于 0.2°。

　　（5）1 024 阵元非等间距光天线阵列的相位分析仿真优化设计

　　图 3 - 31 是 1 024 阵元非等间距光天线阵列在波束扫描状态下的远场方向图，其中图 3 - 31（a）是通过公式（3 - 1）不优化相位直接计算得到的远场扫描方向图，图 3 - 31（b）是通过粒子群优化算法优化相位得到的远场扫描方向图。

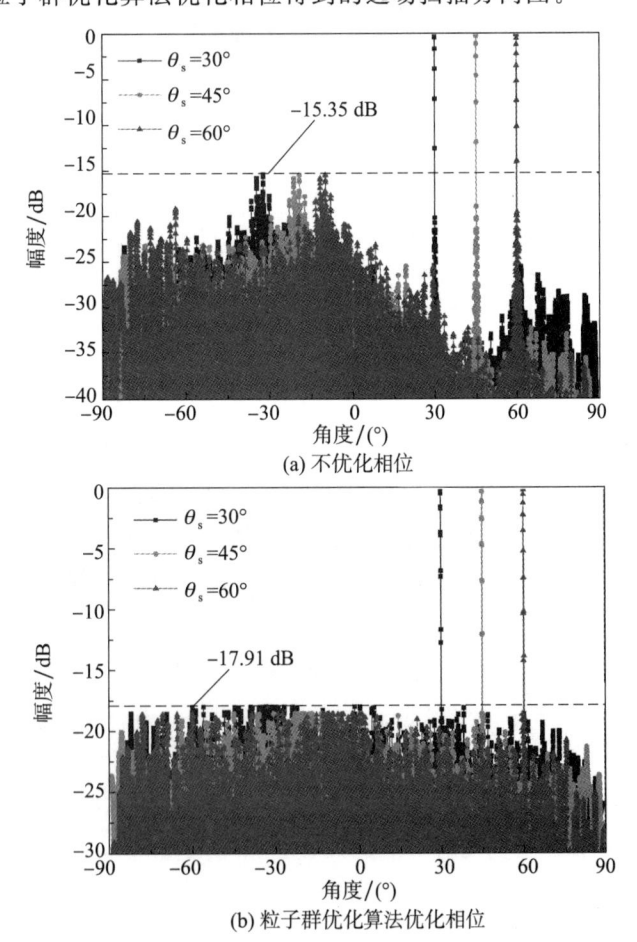

(a) 不优化相位

(b) 粒子群优化算法优化相位

图 3 - 31　1 024 阵元非等间距光天线阵列的波束远场扫描方向图

1 024 阵元非等间距光天线阵列在不进行相位优化和利用粒子群优化算法优化相位分布后得到的波束远场扫描方向图参数对比如表 3 - 9 所示。

表 3 - 9　1 024 阵元非等间距光天线阵列的远场扫描方向图参数对比

角度/(°)	不优化相位		优化相位	
	副瓣/dB	波束宽度/(°)	副瓣/dB	波束宽度/(°)
0°	−20.50	0.05	−21.35	0.05
30°	−15.35	0.05	−17.91	0.05
45°	−15.35	0.07	−18.46	0.06
60°	−15.35	0.09	−18.51	0.09

通过优化阵元间距分布、阵元相位分布设计的 1 024 阵元的光天线阵列可以实现 ±60° 的扫描范围，波束法向副瓣电平为 −21.35 dB，波束宽度为 0.05°；在扫描状态下，副瓣电平低于 −17.91 dB，波束宽度低于 0.1°。

为了研究阵元数与副瓣电平之间的关系，根据优化结果绘制了不同波束扫描角下副瓣电平随阵列规模增长的变化趋势图，如图 3 - 32 所示。

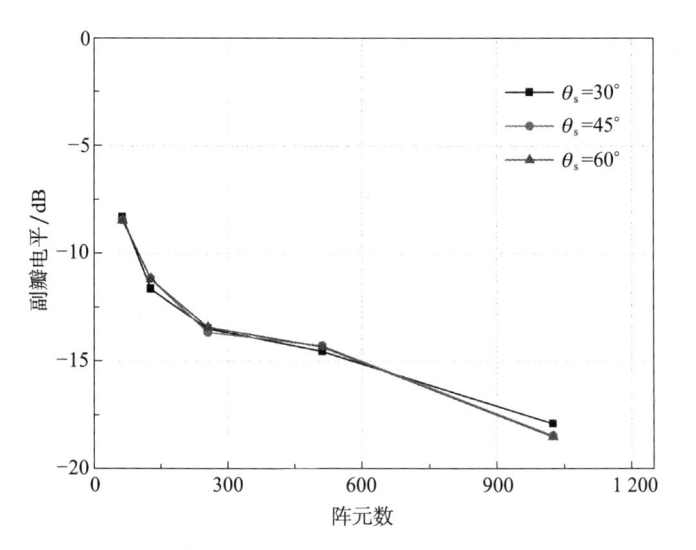

图 3 - 32　不同波束扫描角下副瓣电平随阵列规模增长的变化趋势图

从图 3 - 32 可以看出在同样的阵元间距分布下，通过粒子群优化算法优化不同扫描角下的相位分布，得到的远场副瓣电平基本相等；随着阵列规模的扩大，在扫描状态下通过粒子群优化算法优化阵元相位分布可以实现更低的副瓣电平，这主要是由于随着阵元规模的扩大，优化的变量也增加，进一步达到更好的优化效果。

第 4 章　光子集成相控阵测试

本章详细介绍光子集成相控阵中关键器件的测试原理、测试方法以及光相控阵远场方向图的测试系统设计和测试方法，介绍了硅基光天线、硅基移相器及光相控阵的测试案例。

4.1　光子集成相控阵中关键器件测试

光子集成相控阵由光耦合器、光功率分配网络、光移相器和光天线单元等关键器件组成，这些器件的指标在很大程度上决定了光相控阵的系统指标。其中，光耦合器和光功率分配网络中的功分器可直接采用芯片代工厂的标准化设计模块，能够保证这些器件的性能相对最优。光天线单元和移相器需要根据实际需求设计，本节将重点介绍光天线单元和移相器单元的光电特性测试方法。

4.1.1　光天线单元辐射特性测试

光天线单元的辐射特性包括辐射光功率和辐射效率。

（1）光天线单元辐射特性测试原理及方法

为测试光天线单元的辐射特性，一般采用图 4-1 所示的测试光路版图。

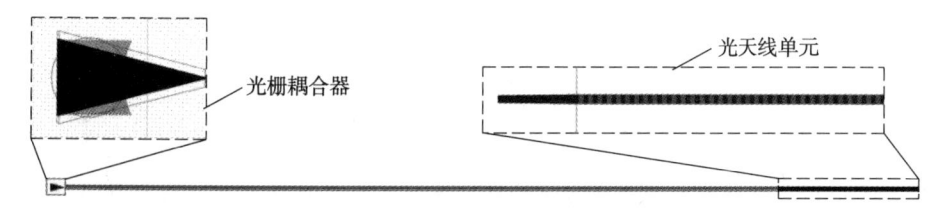

图 4-1　光天线单元测试光路版图

激光器的输出光通过光纤，经光栅耦合器耦合到硅波导中，波导中的光由待测光天线单元辐射到自由空间，经过远场成像系统到达红外相机探测面，由此可对远场光斑的形状进行观测，测试系统示意图如图 4-2 所示。测试时将待测芯片利用真空泵吸附固定在二维调节的样品台上，将光纤一端与激光器相连，另一端置于图 4-1 左侧光栅耦合器上方，与竖直方向夹角为 10° 的位置（这一角度由光栅耦合器的设计结构决定），通过垂直耦合的方式将激光器输出的光耦合到波导中，光经过波导的传输之后从右端设计的待测光天线中辐射出去。辐射出的光可采用光纤、光束质量分析仪和红外相机等接收。

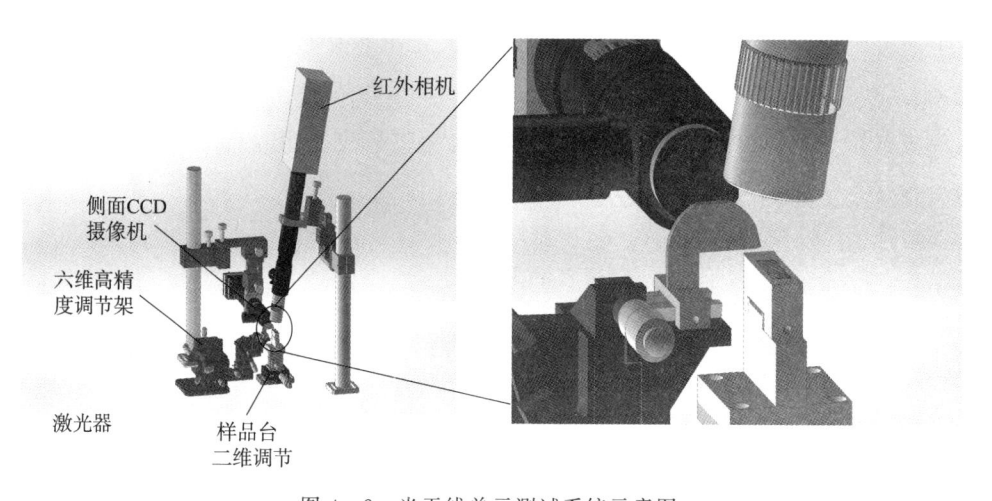

图 4 - 2　光天线单元测试系统示意图

采用光纤代替图 4 - 2 中的红外相机来接收待测天线辐射出的光，在光纤的另一端连接光功率计，可直接得到辐射光强度。光天线单元的辐射效率也能够通过间接近似测量的方法计算得到。光天线单元辐射特性的测试系统示意图如图 4 - 3 所示。由于光栅耦合器对入射光的偏振态敏感，因此需接入一个偏振控制器对光的偏振态进行调节，之后再由光纤馈入到光栅耦合器中，以保证光栅耦合器的效率最高。

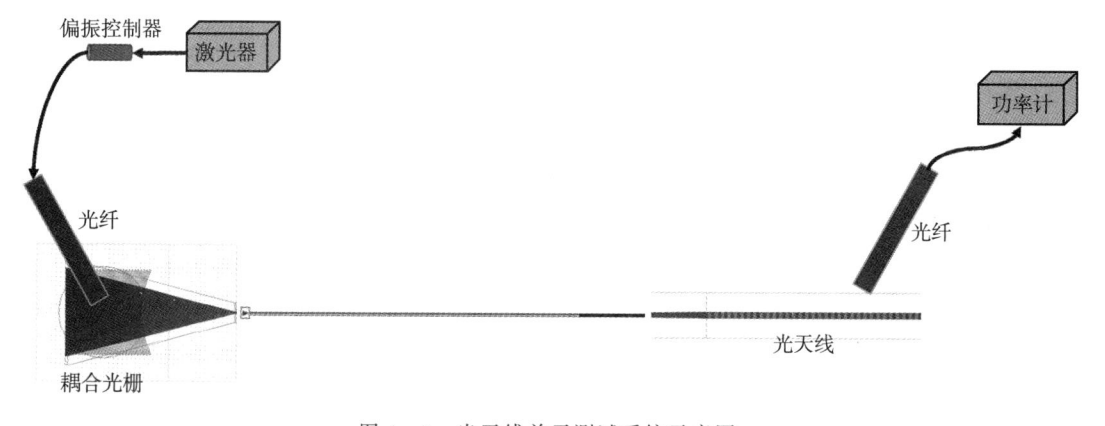

图 4 - 3　光天线单元测试系统示意图

测试步骤如下所述。

1）将激光器输出波长设置为 1 550 nm。

2）用一段单模光纤将激光器的输出端口与偏振控制器连接在一起，用功率计测量从偏振控制器输出的光功率 P_{in}。

3）把光纤置于左侧光栅耦合器上方，用于将激光耦合到左侧的光栅耦合器中进入波导。

4）将另一段单模光纤置于右侧的辐射光天线单元上方，用于接收辐射出光的能量，并将光纤另一端连接到光功率计，测得最大光功率为 P_{up}，即为待测天线向上辐射光功率。

光天线单元的辐射效率（η_{rad}）定义为天线的辐射光功率（P_{rad}）与馈入天线的光功率（$P_{in\_antenna}$）的比值，其表达式为

$$\eta_{rad} = P_{rad}/P_{in\_antenna} \tag{4-1}$$

在计算光天线单元的辐射效率时，需考虑光栅耦合器的耦合效率、波导损耗、光天线单元的双向辐射、光在天线中传播损耗等因素才能准确得到光天线单元的辐射效率。

（2）直波导光栅天线辐射特性测试案例

本节以一个直波导光栅天线单元为例，测试其辐射光功率并估算其辐射效率。待测天线单元的设计版图和加工实物的扫描电子显微镜照片分别如图 4-4（a）和（b）所示。直波导光栅天线的宽度 600 nm，长度 $L_{antenna} = 400\ \mu m$。测试光路如图 4-3 所示，其中光栅耦合器到待测天线之间的波导长度 $L_{wg} = 0.52$ cm。

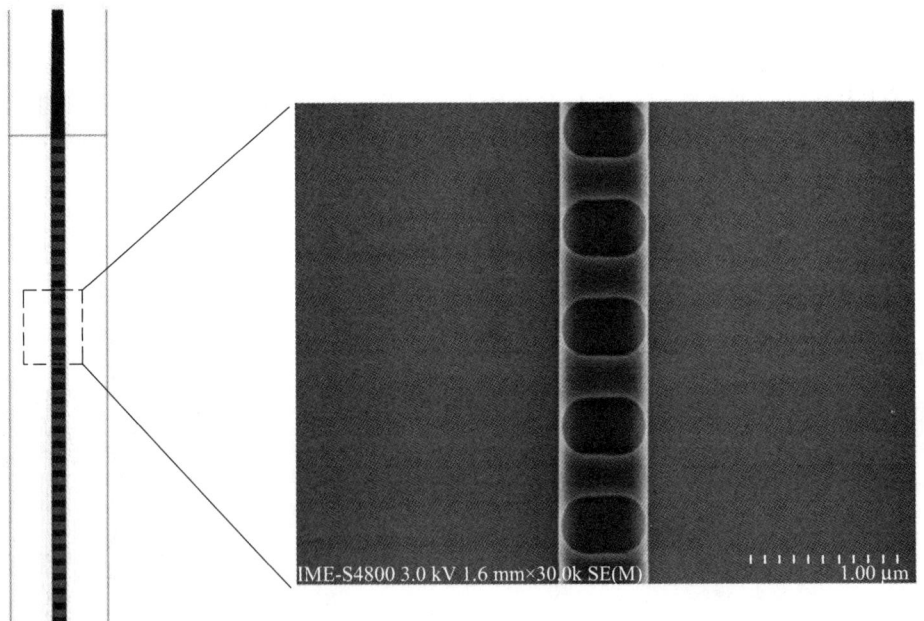

(a) 设计版图　　　　　　　　(b) 加工实物的扫描电子显微镜照片

图 4-4　待测光天线结构

根据上述测试步骤，使用功率计测量经过偏振控制器之后的光功率为 $P_{in}=$ 9.6 dBm=9.12 mW。利用光纤接收到的芯片向上发射功率为 $P_{up}=0.03$ dBm=1.01 mW。

根据芯片代工厂提供的工艺手册上的参数可知，光栅耦合器的耦合损耗为 $P_{coupling\_loss}=4.5$ dB，波导损耗 α 为 3.5 dB/cm。由此可知：

输入到硅波导中的光功率为

$$P_{wg}=P_{in}-P_{coupling\_loss}=3.24 \text{ mW}$$

波导的总损耗为

$$P_{wg\_loss}=\alpha L_{wg}=1.82 \text{ dB}$$

进入光天线端口的光功率为

$$P_{in\_antenna}=P_{in}-P_{coupling\_loss}-P_{wg\_loss}=2.13 \text{ mW}$$

直波导光栅天线的波导传输损耗为

$$P_{antenna\_loss}=\alpha L_{antenna}=0.175 \text{ dB}$$

忽略端口损耗，可得到直波导光栅天线的总辐射功率为

$$P_{rad}=P_{in}-P_{coupling\_loss}-P_{wg\_loss}-P_{antenna\_loss}=3.14 \text{ dBm}=2.061 \text{ mW}$$

根据式（4-1）计算得到光栅天线的辐射效率 $\eta_{rad}=96.8\%$。

在实际中，只有向上辐射的光能够被有效利用，由式 $\eta_{up}=\dfrac{P_{up}}{P_{rad}}$ 可计算上部辐射能量所占的比例为 $\eta_{up}=49.0\%$。

4.1.2　光移相器移相特性测试

光移相器的测试主要包括移相范围和移相速率。下面将详细介绍光移相器移相特性的测试原理、测试方法以及具体的测试案例。

4.1.2.1　光移相器移相特性的测试原理

在光频段相位的变化无法直接测量，因此移相特性的测量需采用间接测量的方法。光相位的变化，通常利用马赫-曾德尔干涉仪（Mach-Zehnder inter ferometer，MZI）这种间接测量的方法实现，其结构示意图如图4-5所示。

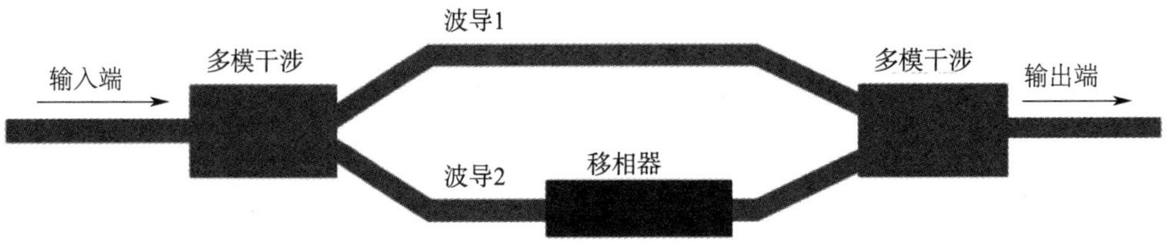

图 4-5　硅基马赫-曾德尔干涉仪结构示意图

光在输入波导中传播，经过一个 1×2 MMI 功分器被分成相等的两路，分别馈入到马赫-曾德尔干涉仪结构的传输臂波导 1 和波导 2 中，在波导 2 上制备光移相器，之后两个波导中的光经过 MMI 功分器汇入到一个输出波导中输出。假设入射光频率为 ω，幅度为 E_0，则波导 1 和波导 2 中光的电场分别可以表示为

波导 1 中的电场

$$E_1 = E_0 \sin(\omega t - \beta_1 z) \tag{4-2}$$

波导 2 中的电场

$$E_2 = E_0 \sin(\omega t - \beta_2 z) \tag{4-3}$$

式中　β_1,β_2——两个波导中对应的波矢。

光从输入波导经过 1×2 MMI 功分器之后到两个臂上的光是相位匹配的，但经过传输臂后，由于臂长不等，会造成在汇入到输出端的两束光具有相位差，输出端的光强可以表示为

$$I = [(E_1 + E_2) \times (H_1 + H_2)] = I_0 (E_1 + E_2)^2 \tag{4-4}$$

$$I = I_0 [E_0^2 \sin^2(\omega t - \beta_1 L_1) + E_0^2 \sin^2(\omega t - \beta_2 L_2) + 2E_0^2 \sin(\omega t - \beta_1 L_1) \sin(\omega t - \beta_2 L_2)]$$
$$\tag{4-5}$$

对上式进行三角变化，可以得到

$$I = I_0 \left(E_0^2 \left\{ \frac{1}{2}[1 - \cos(2\omega t - 2\beta_1 L_1)] \right\} + E_0^2 \left\{ \frac{1}{2}[1 - \cos(2\omega t - 2\beta_2 L_2)] \right\} + \right.$$
$$\left. E_0^2 [\cos(\beta_2 L_2 - \beta_1 L_1) - \cos(2\omega t - \beta_2 L_2 - \beta_1 L_1)] \right)$$
$$\tag{4-6}$$

考虑到光波的频率很高，可以将表达式简化为

$$I = I_0 \{ E_0^2 [1 + \cos(\beta_2 L_2 - \beta_1 L_1)] \} = I_0 [E_0^2 (1 + \cos\Delta\varphi)] \tag{4-7}$$

式中　$\Delta\varphi$——两臂在输出端的相位差，$\Delta\varphi = (\beta_2 L_2 - \beta_1 L_1)$。

其中，$\beta_2 = n_2 \beta_0$、$\beta_1 = n_1 \beta_0$，即相位差为 $\Delta\varphi = (n_2 L_2 - n_1 L_1)\beta_0$。$n_1$ 和 n_2 分别代表波导 1 和波导 2 的折射率。

因此，在测试中就可以通过马赫-曾德尔干涉仪的输出光强度来反映相位变化。

当两臂上移相器长度相同时，相位差为

$$\Delta\varphi = (n_2 - n_1)L\beta_0 = \frac{2\pi}{\lambda_0} L \Delta n \tag{4-8}$$

其中

$$\Delta n = n_2 - n_1$$

根据上述公式推导，可以得到光移相器的移相特性的相关数据如下。

（1）V_π 和 L_π

当波导中的相位变化为 π 时，对应的电压为 V_π，波导中移相器的长度为 L_π。

$$\Delta\varphi = \frac{2\pi}{\lambda_0}\Delta n(V)L \tag{4-9}$$

$$\Delta n(V_\pi) = \frac{\lambda_0}{2L_\pi} \tag{4-10}$$

对于一个给定掺杂长度为 L 的波导，可以从输出光功率的变化中读出 V_π。

（2）损耗

这里指的是长度为 L_π 的器件产生 π 的相位变化，由载流子引起的损耗为（对于热光移相器不存在这一损耗）

$$\text{loss} = -10\lg[\exp(\alpha_0 + \Delta\alpha)L_\pi] \tag{4-11}$$

式中　α_0——硅材料的本征损耗，$\alpha_0 = 0.023\ \text{cm}^{-1}$；

　　　$\Delta\alpha$——硅波导中折射率虚部的变化量。

（3）插入损耗

出射光强度最大值与入射光强度的比值，单位为 dB。

$$\text{IL} = -10\lg\left(\frac{I_{\max}}{I_0}\right) \tag{4-12}$$

（4）消光比

出射光强度的最大值与最小值之比。

$$\text{ER} = 10\lg\left(\frac{I_{\max}}{I_{\min}}\right) \tag{4-13}$$

（5）响应时间

移相器的响应时间直接反映了移相器对光相位的调制速度，响应时间越短，说明移相器的相位调制速度越快。

4.1.2.2　光移相器移相特性的测试方法

为完成光移相器单元的测试验证，需要搭建移相器测试系统，对响应速度、移相范围进行测试。测试系统主要由以下几个部分组成：激光器、直流电源、微波信号源、高频电缆、光电探测器（photo detector，PD）、光功率计、示波器。下面将详细介绍移相器移相范围和响应时间的具体测试方法及步骤。

（1）移相范围测试方法

移相范围的测量采用间接测量的方法。利用马赫-曾德尔干涉仪结构，改变其中一条臂上的移相器两端的电压，通过记录输出端两臂中的光干涉叠加得到的光强反映移相器对波导中传输光的相位变化。当输出光强度最大时，两臂相位差为 0，当输出光强度最小时，两臂相位差为 π。

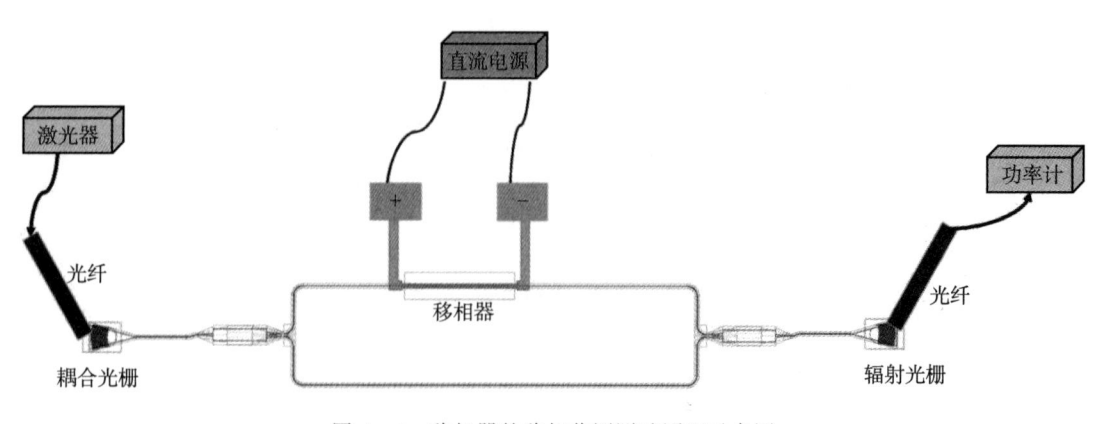

图 4 - 6　移相器的移相范围测试原理示意图

基于图 4 - 6 的原理示意图，移相器移相范围的测试步骤如下所述。

1）将激光器输出波长设置为 1 550 nm。

2）用一段单模光纤将激光器的输出端口与偏振控制器连接在一起，把光纤置于左侧光栅耦合器上方，用于将光垂直耦合到马赫-曾德尔干涉仪结构中。

3）用另一段单模光纤置于马赫-曾德尔干涉仪结构右侧的辐射光栅上方，用于接收辐射光的能量，并将另一端连接到功率计来测得辐射光功率。

4）将外部直流电源的正负极按照图 4 - 6 所示接到移相器的两端，改变两端电压，记录出射光功率。

5）根据步骤 4）中测试得到的电压与辐射光功率的变化关系绘制相应的输出光强变化曲线，根据光功率变化分析移相范围。

（2）响应时间测试方法

移相器的响应时间是通过外接一个方波电压的调制信号，观测示波器上信号变化来判断的。响应时间的测试原理示意图如图 4 - 7 所示，与图 4 - 6 中不同的是，移相器两端的直流电源用一个信号发生器来代替，而调制信号的波形则由示波器来观察。

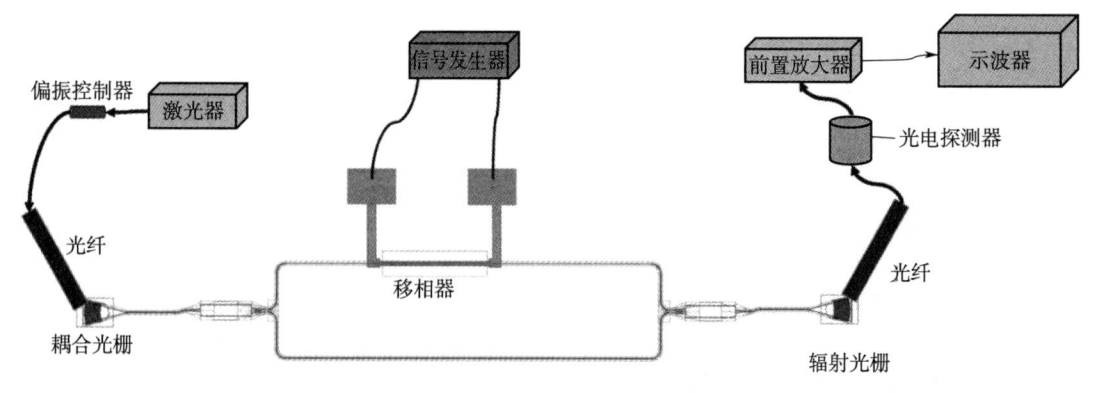

图 4 - 7　移相器的响应时间测试原理示意图

基于图 4-7 所示的原理图，移相器响应时间的测试步骤如下所述。

1）将激光器输出波长设置为 1 550 nm。

2）用一段单模光纤将激光器的输出端口与偏振控制器连接在一起，把光纤置于左侧光栅耦合器上方，用于将光耦合到马赫-曾德尔干涉仪结构中。

3）用另一段单模光纤置于马赫-曾德尔干涉仪结构右侧的辐射光栅上方，用于接收辐射光的能量，并将另一端连接到一个光电探测器。

4）将探测器的输出端与一个前置放大器相连，之后再接入到示波器中。

5）将信号发生器输出的方波信号加载到移相器的两端。

6）从示波器中观察光电探测器输出的信号，得到信号上升沿的时间，这一时间即为移相器的响应时间。

4.1.2.3　硅基热光移相器移相特性测试案例

以一个硅基热光移相器为例，测试其移相范围、功耗及响应时间。根据设计芯片加工的工艺技术手册，定义波导层、金属加热层和加热器两端的铜导线，绘制的移相器版图如图 4-8 所示。图中热光移相器的尺寸为长度 240 μm，宽度 2.5 μm。利用万用表测试移相器的电阻为 4.9 kΩ。

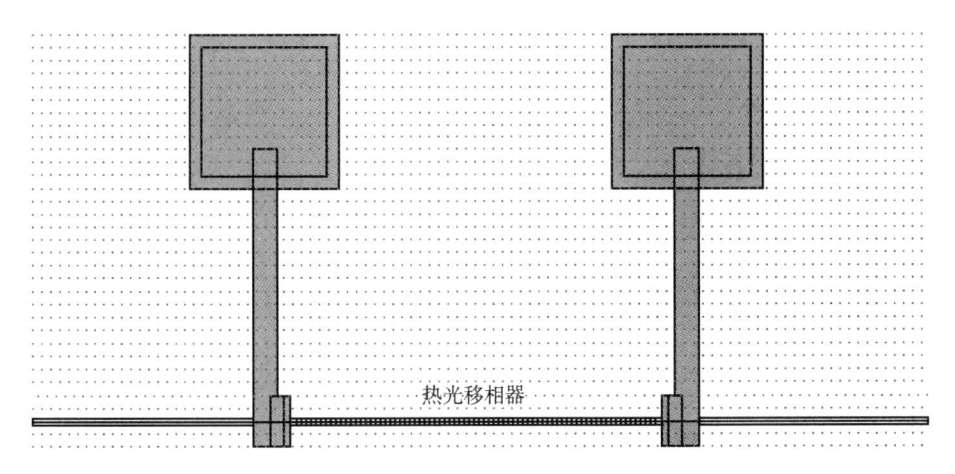

图 4-8　待测硅基热光移相器设计版图

为方便测试硅基热光移相器的移相特性，设计并加工了基于图 4-8 中的热光移相器的马赫-曾德尔干涉仪结构，其设计版图如图 4-9（a）所示，马赫-曾德尔干涉仪结构加工实物的显微镜照片如图 4-9（b）所示。

（1）移相器移相范围测试

根据上述测试步骤得到的测试结果原始数据记录如表 4-1 所示。

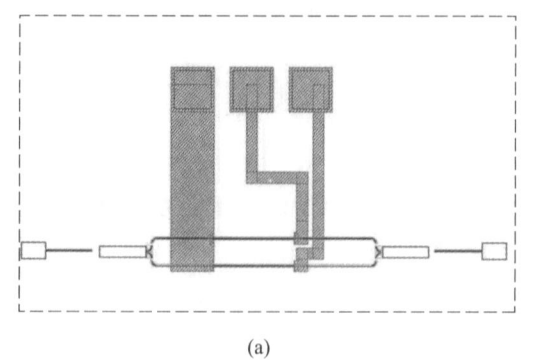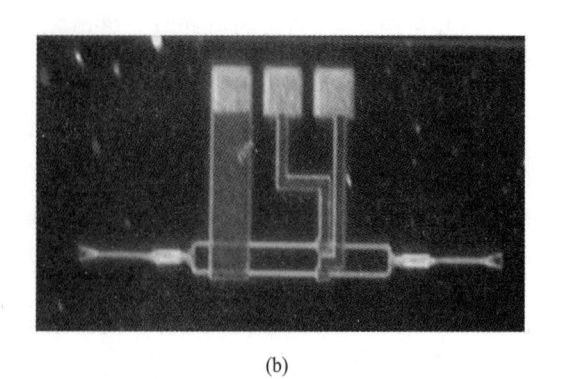

(a)　　　　　　　　　　　　　　(b)

图 4-9　基于硅基热光移相器的马赫-曾德尔干涉仪结构

表 4-1　热光移相器电压-光功率的关系

电压/V	光功率/mW	电压/V	光功率/mW	电压/V	光功率/mW	电压/V	光功率/mW
0	0.074	4.5	0.014	9.0	0.123	13.5	0.363
0.5	0.076	5.0	0.007	9.5	0.158	14.0	0.347
1.0	0.074	5.5	0.003	10.0	0.200	14.5	0.295
1.5	0.069	6.0	0.001	10.5	0.263	15.0	0.224
2.0	0.063	6.5	0.004	11.0	0.295		
2.5	0.051	7.0	0.014	11.5	0.347		
3.0	0.044	7.5	0.030	12.0	0.347		
3.5	0.033	8.0	0.052	12.5	0.380		
4.0	0.023	8.5	0.083	13.0	0.398		

　　根据测试数据绘制出马赫-曾德尔干涉仪结构的输出光功率随移相器两端加载电压和电功率的变化规律分别如图 4-10（a）和（b）所示。由图 4-10（a）可以得到，当移相器两端加载的电压从 6.0 V 增加到 13.0 V 时，输出光功率从最小值（0.01 mW）增大到最大值（0.398 mW）。因此，得到移相器实现 π 相移所需的电压为 13.0 V－6.0 V＝7.0 V。同理，从图 4-10（b）可以得到，移相器实现 π 相移所需电功率为 34.5 mW－7.4 mW＝27.1 mW，即 V_π＝7.0 V，P_π＝27.1 mW；移相器产生 2π 相位移动所需的功率为 54.2 mW。

　　（2）移相器响应时间测试

　　根据上述测试移相器响应时间的实验步骤，利用上面的马赫-曾德尔干涉仪结构，将信号发生器输出的方波信号加载到移相器的两端，用光纤接收到的输出光功率引入到探测器中，并与一个前置放大器相连，之后再接到示波器中，从示波器中观察到光电探测器输出的信号。如图 4-11 所示，在移相器两端加载 100 kHz 的方波信号，从光电探测器测得的响应信号的上升沿时间可以看出移相器的响应时间为 5 μs。

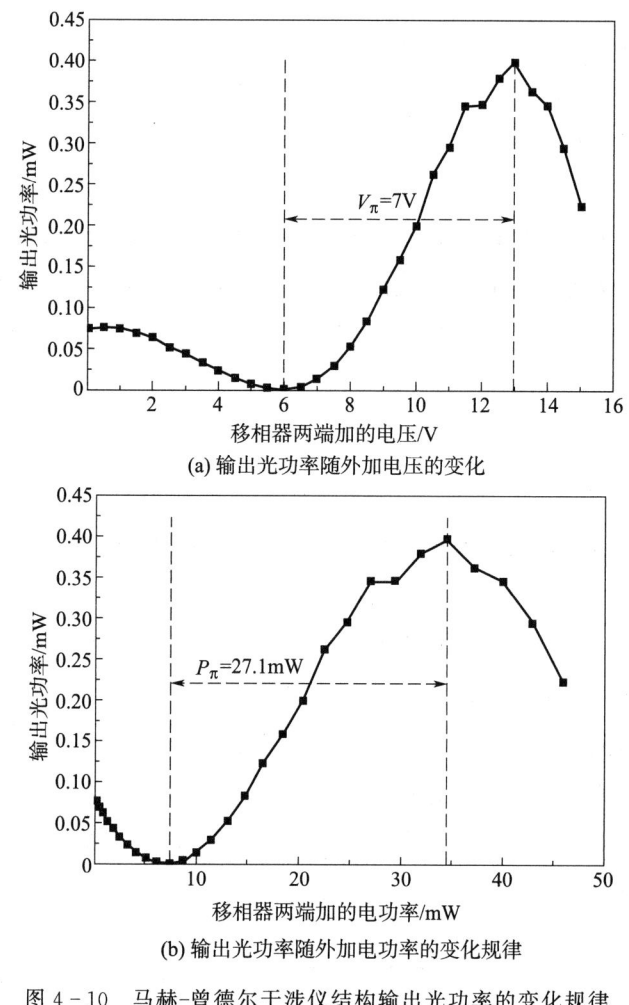

(a) 输出光功率随外加电压的变化

(b) 输出光功率随外加电功率的变化规律

图 4 - 10　马赫-曾德尔干涉仪结构输出光功率的变化规律

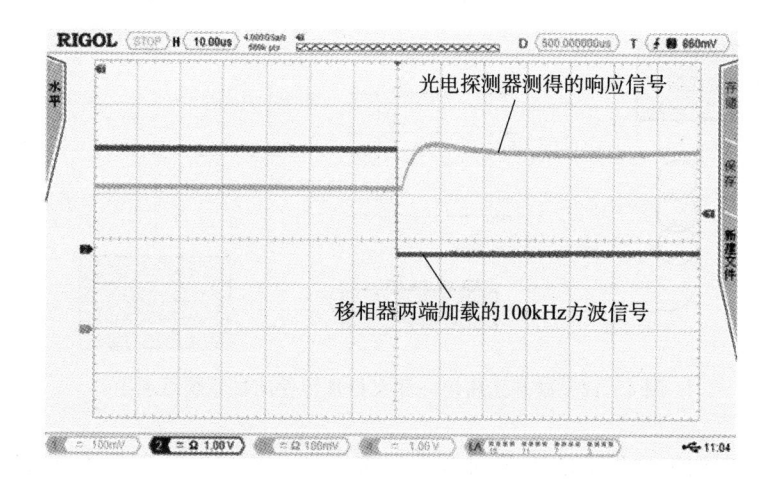

图 4 - 11　光电探测器输出信号随调制方波信号的变化规律

4.2　光子集成相控阵芯片测试

4.2.1　测试指标

光子集成相控阵波束辐射和扫描特性包括波束指向、波束宽度、副瓣电平和波束扫描范围。波束扫描范围指的是无栅瓣扫描范围。因此，测试光相控阵芯片辐射的远场方向图是研究波束扫描特性的前提。下面将详细介绍测试硅基光相控阵芯片远场方向图的方法与步骤。

4.2.2　测试方法

硅基光相控阵波束扫描特性测试系统原理图如图 4 - 12 所示。图中激光器输出波长为 1 550 nm 的光，经过光纤通过耦合的方式（垂直耦合或者端面耦合）馈入到待测光相控阵芯片中。馈入光相控阵芯片中的光经光功率分配网络被分为多路，每一路光的相位由光移相器控制，相位调制之后的光最终由光天线阵列辐射到自由空间中。光相控阵芯片辐射光束的远场方向图经过透镜系统，成像在红外相机上，利用计算机记录红外相机采集的图像。光相控阵芯片中的每个移相器两端加载的电流由外部电流源提供，电流源的输出由计算机控制。因此，计算机通过控制电流源输出能够控制光相控阵芯片辐射光束指向。

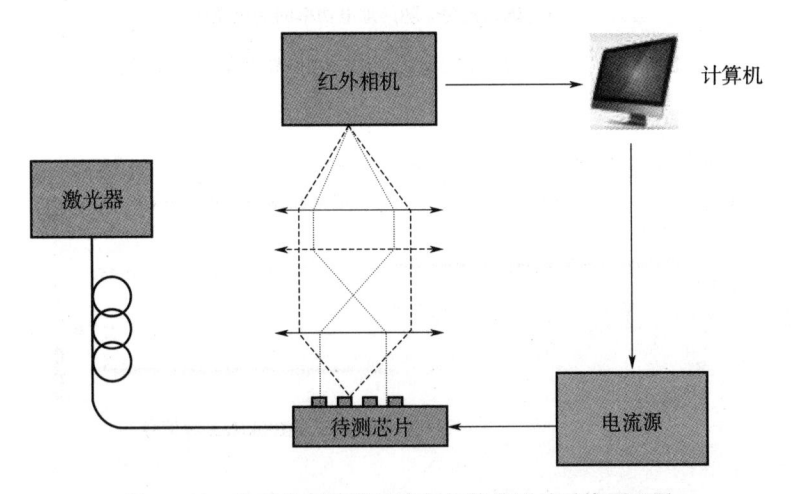

图 4 - 12　硅基光相控阵波束扫描特性测试系统原理图

由于芯片在加工过程中的工艺误差，很难保证从每一路辐射光的初始相位与理论设计值相等，通常加工的光天线的实际相位和理论计算的相位会存在偏差。因此，需采用相位优化的方法实现波束的精确指向。下面将根据图 4 - 12，详细介绍利用相位优化方法实现波束精确指向的具体实施步骤。

1）利用计算机编程控制多通道电压/电流源，将一组随机的电压值加载到光相控阵芯片的各个移相器两端。

2）用红外相机采集到光相控阵芯片远场辐射方向图并输入到计算机中。

3）计算机中的优化算法程序判断期望目标波束指向与当前远场辐射方向图之间的差别，之后再利用优化算法（如粒子群优化算法、模拟退火算法、爬山法等）搜索给出一组新的电压/电流值加载到移相器两端。

4）经过多次优化迭代，直到远场辐射方向图中波束精确指向到预定方向上、副瓣电平最低为止，记录下此时的电压/电流分布以及波束远场方向图，进一步分析光相控阵芯片的波束辐射及扫描特性。

这种通过优化相位实现波束精确指向的方法广泛适用于各种规模的光相控阵芯片中。

4.2.3　测试系统

4.2.3.1　硅基光相控阵芯片测试系统设计

硅基光相控阵芯片远场辐射特性的测试系统主要包括：光学部分和电学部分。整个测试系统搭建在一个气浮隔振平台上，以保证整个测试系统的稳定性。下面将详细介绍这两个部分。

（1）光学部分

光相控阵芯片测试系统的光学部分的作用是将激光器的光耦合到芯片中，并捕获芯片远场辐射方向图。如图 4 - 13 所示，包括精密调节组件、实时观测组件以及三透镜远场成像组件。

1）精密调节组件。

为了保证激光器发出的光能够精准地馈入到硅基光相控阵中，实验中需要精密的空间位置调节组件。主要包括六轴高精度对准平移台和光纤支架。实验中将光相控阵芯片置于真空吸附的样品架上，将光纤支架置于六轴高精度对准平移台上，分别通过精密调节 X、Y、Z、倾斜、转动和俯仰六个自由度来调整光纤与芯片的相对位置。对于端面耦合，需要调节光纤的位置，使光纤端面与芯片的端面耦合器严格平行，以确保光纤激光器的输出光高效地馈入到芯片中。对于垂直耦合，则需要将光纤以一定的角度放置，这一角度取决于芯片上光栅耦合器的设计周期以及激光器的输出波长。利用六轴高精度对准平移台调整芯片和馈入光纤之间的相对位置，可确保激光器输出的光能够高效地耦合到硅基芯片中。

图 4－13　硅基光相控阵芯片测试系统中光学部分结构示意图

2）实时观测组件。

为了精确调整光纤与芯片的相对位置，并准确定位到芯片中的某个器件，防止在精密调节光纤与芯片相对位置的过程中造成光纤端面以及芯片表面的损坏，需要在实验系统中加入实时观测组件，用来直接观测芯片与光纤，从而直接快速调整好系统，使其具备测试状态。

实时观测组件由显微镜成像镜头、平移台、相机及显示器组成。其中显微镜成像镜头是一个适用于可见光的、放大倍率为 12 倍的显微镜，通过调节物距和像距能够观察到清晰的芯片上光栅耦合器、波导、光移相器、光天线单元以及光天线阵列等核心器件。

3）三透镜远场成像组件。

三透镜远场成像组件用于探测光相控阵芯片中天线单元及阵列的远场辐射方向图，能够直接观测到光束的指向、波束宽度及波束动态扫描。远场成像组件包括三个消色差透镜和一个红外相机，如图 4－14 所示。

整个三透镜远场成像组件的设计光路图如图 4－15 所示，其中红外相机置于第三个透镜的焦平面上。图 4－15 展示了待测的光相控阵芯片、探测平面以及三个透镜之间的相对位置。三个消色差透镜的焦距分别为 f_1、f_2 和 f_3。在透镜的傅里叶变换面上能够得到光相控阵的远场辐射方向图，透镜的焦平面是它的傅里叶变换面。因此，光相

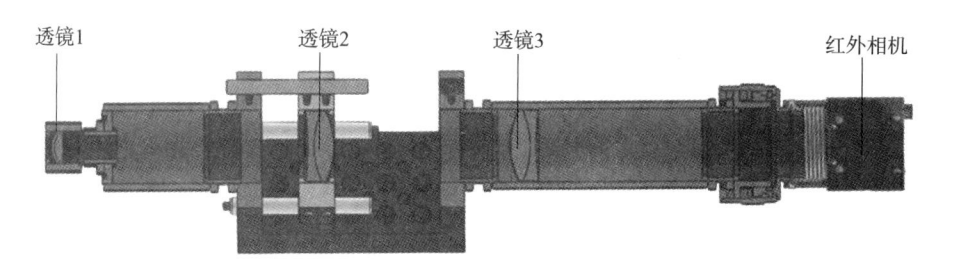

图 4 - 14   三透镜远场成像组件

控阵芯片辐射的远场会出现在第一个透镜的焦平面上。但由于远场辐射方向图中光斑尺寸较小，又引入了另外两个透镜来放大远场辐射方向图便于观测。第二个透镜和第三个透镜形成了一个放大倍数为 f_3/f_2 的望远镜系统。

待测芯片位于透镜 1 的焦平面上，透镜 1 和透镜 2 共焦，透镜 2 和透镜 3 的间距可任意选择，红外相机的探测面位于透镜 3 的焦平面上。插入透镜 2 时，光路如虚线所示，可在红外相机上实现远场成像；拔出透镜 2 时，光路如图 4 - 15 中点线所示，可在红外相机上实现近场成像。将红外相机放置在透镜 3 的焦平面上来捕捉远场强度分布。通过移除透镜 2，可以测量得到光相控阵芯片辐射的近场。

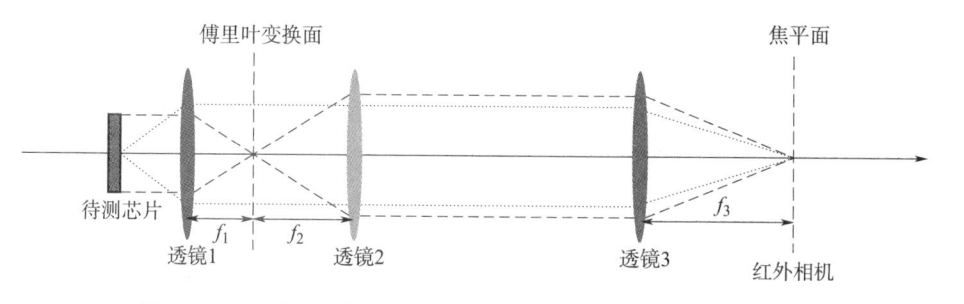

图 4 - 15   测试光相控阵芯片辐射场的三透镜远场成像组件示意图

三透镜远场成像组件中，透镜 1 用于收集光相控阵的辐射光场，其数值孔径（numerical aperture，NA）越大，接收到的范围就越大。因此，透镜 1 应当选择尽可能大的数值孔径。透镜 2 和透镜 3 的焦距应根据所需放大倍数选择。由于相机探测平面尺寸的限制，放大倍数不宜过大。在测试中，选择数值孔径为 0.55、焦距为 10 mm 的消色差透镜作为透镜 1，NA=0.55，f_1=10 mm；选择透镜 2 和透镜 3 的 f_2=75 mm、f_3=100 mm，放大倍数为 1.33。根据空间大小，选择透镜 2 和透镜 3 之间的距离为 15 cm。采用一个像素为 640×512、像素大小为 20 μm 的红外相机来捕获光场分布。整个系统能够测到的光场的最大范围为 51.2°×42°，在探测面内的分辨率为 0.09°。

（2）电学部分

光子集成相控阵测试系统的电学测试部分是用于测量芯片中金属电极的电阻、硅基芯片中各部分和整体的功耗。电学测试部分主要包括钨探针平台、数字源表、多通道电压/电流控制组件、万用表、示波器、信号发生器、放大器。其中钨探针平台是用于将硅基芯片上金属电极与外部高精度电流控制模块相连并给芯片供电的连接组件。为了得到金属电极的电阻及芯片中移相单元的功耗，需要利用数字源表得到相应的电流和电压，进一步计算出功耗。

4.2.3.2　硅基光相控阵芯片测试系统案例

根据上述设计方案，搭建完成的硅基光相控阵芯片辐射特性测试系统如图 4-16 所示。整个测试系统主要包括的关键设备及元器件有：气浮光学平台 1 个，拉锥光纤 1 根，耦合光纤夹具，12×显微镜头 2 组，可见光相机 2 个，显示器 3 个，远场成像透镜组 1 套，红外相机 1 个，三维微调架 2 套，热沉、可调谐红外激光器，偏振控制器，温度控制器，多通道电流控制器，电流源，示波器，光功率衰减器。

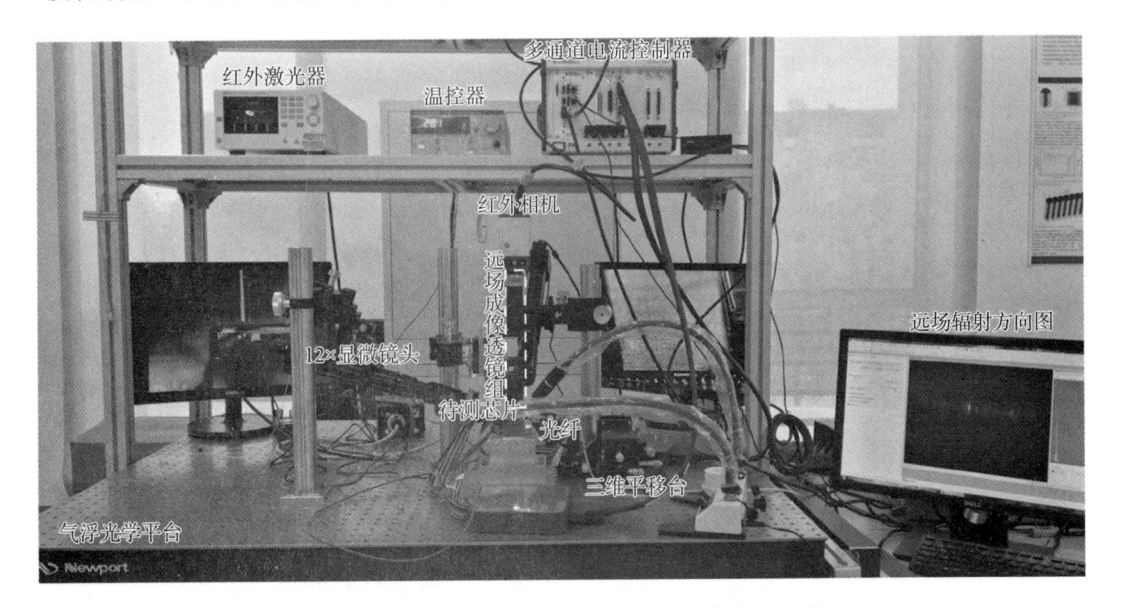

图 4-16　硅基光相控阵芯片远场辐射特性测试系统

图 4-16 中，为保证给硅基光相控阵芯片中每个移相器供电，通常采用探针或者与印制电路板金丝键合的方式加载外部电压。图 4-17 为探针台，探针采用的是直径 $10~\mu m$ 的钨探针。通过显微镜观测，将钨探针与芯片中移相器两端的电极接触，实现供电。这种探针供电的方法适用于控制数目较少的移相器，要控制包含有数目较多的移相器的硅基光相控阵芯片则需采用印制电路板金丝键合的方式加载外部电压，如图 4-18 所示。硅基光相控阵芯片中移相器两端的电极通过金丝键合的方式用金线与

印制电路板上的金属电极相连，再将外部多通道电压/电流通过排针与印制电路板上的焊盘相连实现对芯片中移相器的控制。硅基光相控阵芯片被固定在热沉上，温度由温度控制器来控制。拉锥光纤及其夹具固定在三维调整架上，入射光通过拉锥光纤以端面耦合或垂直耦合的方式耦合进入光相控阵芯片。

图 4 - 17　钨探针台

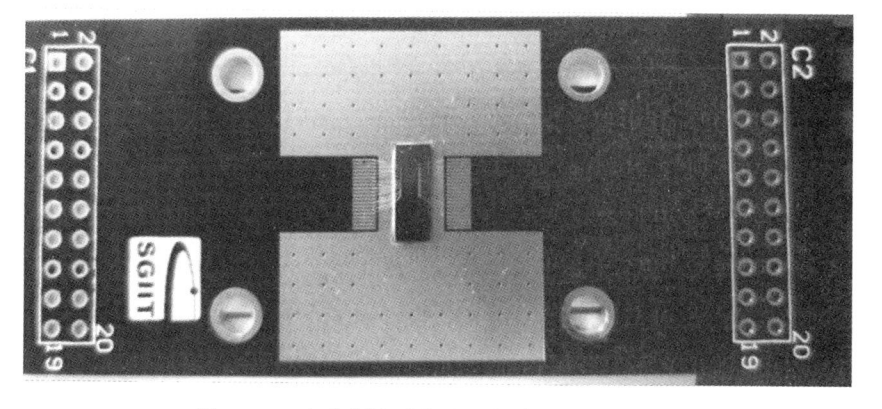

图 4 - 18　与印制电路板金丝键合的芯片的照片

第5章　光子集成相控阵设计实例

本章分别介绍基于端面耦合和基于垂直耦合两种不同耦合方式的光子集成相控阵的设计与测试实例，并介绍了利用光相控阵芯片实现电控波束切换与自由空间光通信的案例。

5.1　端面耦合的 1×32 阵元硅基光相控阵

5.1.1　设计方案

基于端面耦合的 1×32 阵元硅基光相控阵芯片包含 1 个端面耦合器、1 个并联型的光功率分配网络、32 个热光移相器及 1 个 32 阵元的光天线阵列。可调谐激光器的输出光经过光纤，通过端面耦合的方式馈入波导，经 1×2 的 MMI 功分器实现 32 通道功率均分；每一通道都具备高速移相功能，且可通过热调的方式进行单独移相控制；经过移相器之后的每一通道都连接到一个直波导光栅天线，这些直波导光栅天线构成光天线阵列。通过控制 32 个移相器，可实现全电控光束的快速扫描。

整个光相控阵是在 SOI 晶圆上制作而成。这里采用的 SOI 晶圆从下至上由 Si \ SiO₂ \ Si 层组成，最底层是硅衬底，中间是厚度为 1.3 μm 的二氧化硅埋氧层，顶部是厚度为 500 nm 的硅层。光相控阵中采用的硅波导宽度为 1.5 μm，硅波导高度为 500 nm。在光功率分配网络中，31 个 1×2 MMI 功分器将光功率分成强度相等的 32 路。热光移相器采用金属热电极加热，其结构如图 5-1 所示。图中金属电极位于硅波导正上方 500 nm 处，金属电极的宽度为 3 μm，长度为 300 μm，每个金属电极两端连接热电极，热电极中的焊盘（Pad）用于与外部控制电路相连。

热光移相器的相移量与温度变化、电极长度的关系为

$$\Delta\varphi = \frac{2\pi}{\lambda}\left(\frac{\partial n}{\partial T}\right)\Delta T L_{\mathrm{H}}(1 + \alpha_{\mathrm{L}}\Delta T) \tag{5-1}$$

式中　λ——波长；

$\dfrac{\partial n}{\partial T}$——硅的折射率随温度变化率；

ΔT——波导中温度的变化量；

L_H ——移相器的长度；

α_L ——硅的热延展率。

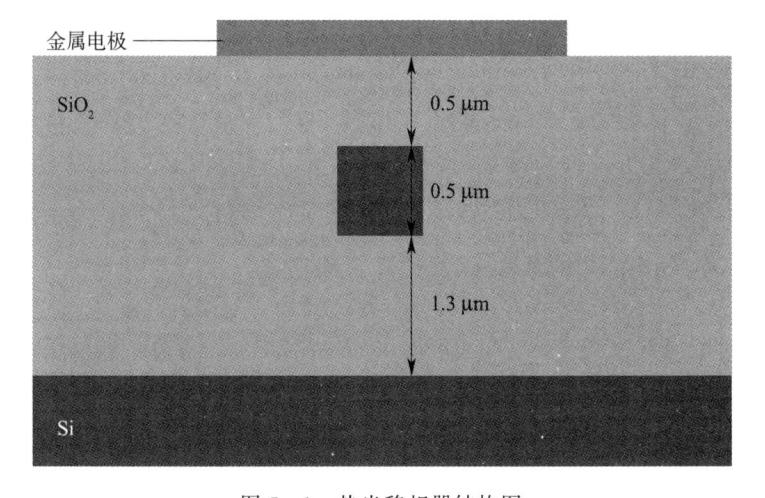

图 5-1　热光移相器结构图

图 5-2 为利用 CMOSOL Multiphysics 软件仿真得到的热光移相器的热传导热量分布图。当移相器两端的功率为 38 mW 时，波导中心的温度变化为 27.1 ℃（300.1 K），热光移相器可产生 2π 的相移。

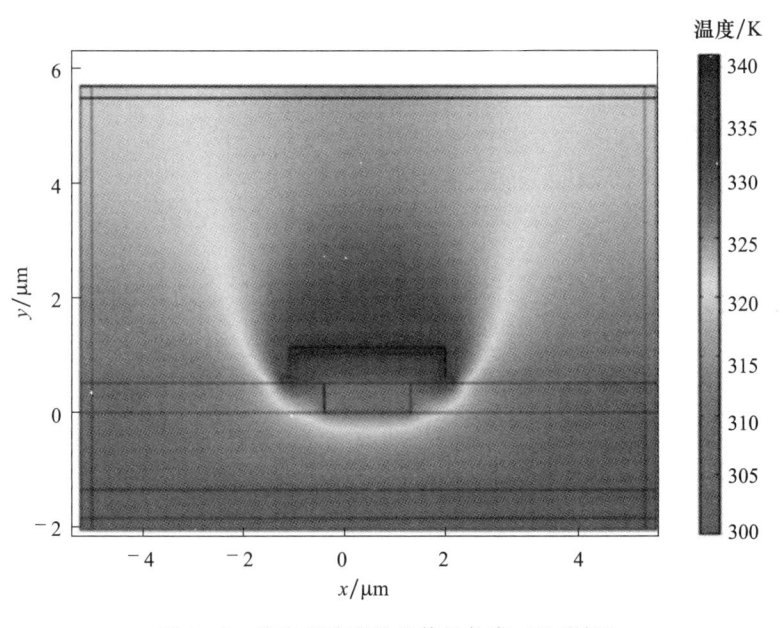

图 5-2　热光相移器的热传导仿真（见彩插）

光相控阵中采用直波导光栅天线作为光束辐射单元，经过仿真优化，选择直波导光栅天线的长度为 500 μm，宽度为 1.5 μm，光栅周期为 476 nm，占空比为 50%。光栅刻蚀深度为 40 nm，保证了较高的向上辐射效率。为同时满足低副瓣、窄波束以及大范围扫描，采用非均匀光天线阵列排布方式。利用 3.2.2.1 节中介绍的基于粒子群优化算法的阵元间距优化方法，经优化获得的 31 个非均匀光学天线间距如图 5-3 所示，光天线阵列中，从左到右的天线间隔分别为 11.59 μm，17.01 μm，5.19 μm，4.5 μm，5.19 μm，17.01 μm，11.59 μm，其中最大值为 17.01 μm。

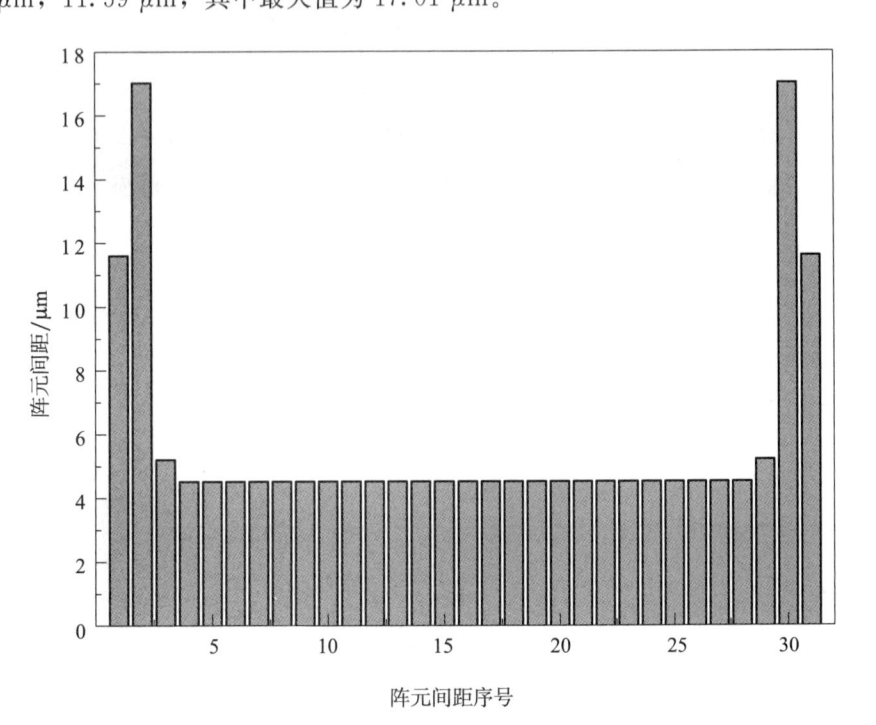

图 5-3　基于粒子群优化算法优化得到的 32 阵元阵列的阵元间距分布

通过将光功率分配网络、移相器、光天线阵列等核心器件集成设计到同一芯片上，最终得到一个长度为 4 mm、宽度为 3.75 mm 的 32 阵元的硅基光相控阵芯片，设计版图如图 5-4（a）所示。加工完成的硅基光相控阵芯片的光学显微镜照片如图 5-4（b）所示。入射光通过解理端面耦合进入光相控阵芯片中，随后 5 级级联的 1×2 MMI 功分器将入射光分成 32 路，每一路上都有一个独立的长 500 μm 的热光移相器。为了减小各路之间的热串扰，此时相邻两路波导的间隔是 100 μm。最后 32 个直波导光栅天线按照优化得到的间距排列在一起，光通过光天线阵列辐射出去。

图 5-5 为硅基光相控阵芯片的整体扫描电子显微镜照片，图 5-6 是硅基光相控阵芯片中各器件的扫描电子显微镜照片，其中（a）为直波导的扫描电子显微镜照片，波

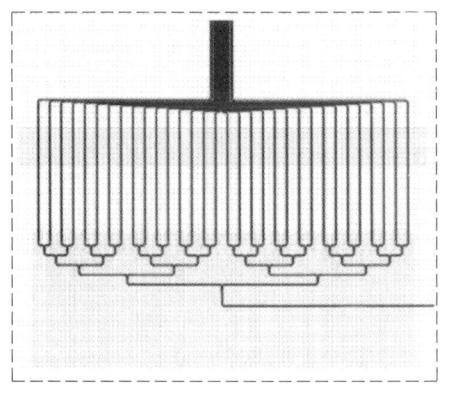
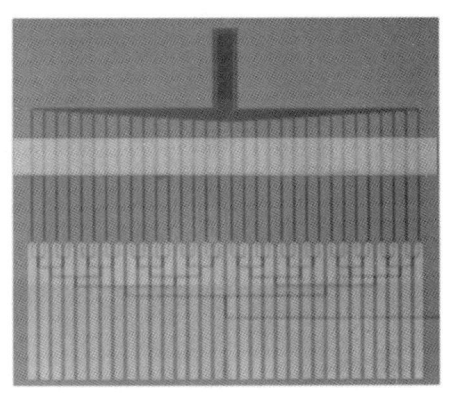

(a) 设计版图　　　　　　　　　　　　　　(b) 光学显微镜照片

图 5 - 4　1×32 硅基光相控阵芯片

导宽度为 1.5 μm；(b) 为 1×2 MMI 功分器的扫描电子显微镜照片，MMI 功分器的设计宽度为 4.917 μm，长度为 27.61 μm；(c) 为直波导光栅天线阵列的扫描电子显微镜照片；(d) 为金属热电极的扫描电子显微镜照片，热电极的宽度为 3 μm，两个热电极中 Pad 的中心间距为 100 μm，热电极为 Au/Ti 60 nm/40 nm，Pad 为 Au/Ti 300 nm/50 nm。

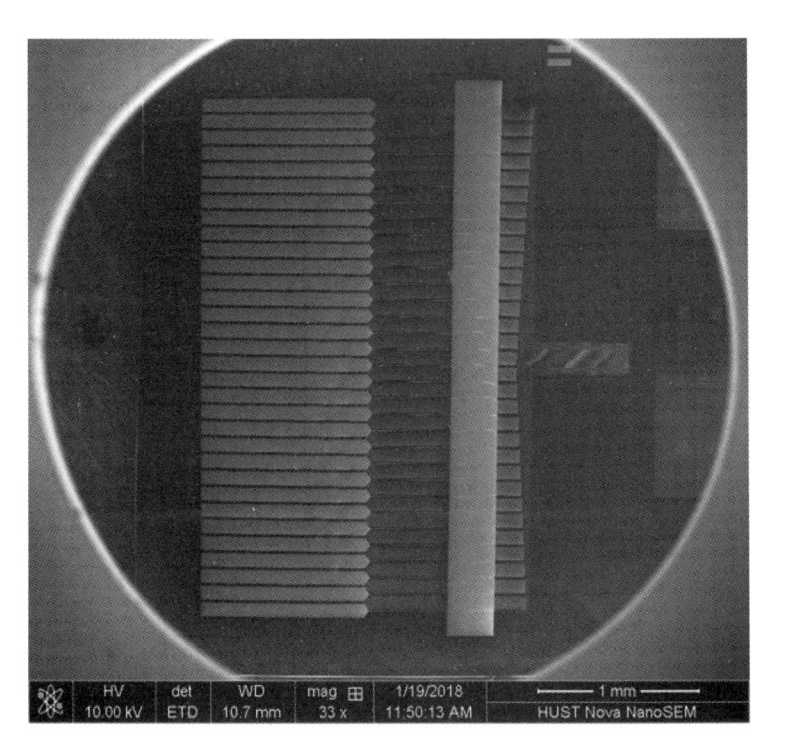

图 5 - 5　1×32 硅基光相控阵芯片扫描电子显微镜照片

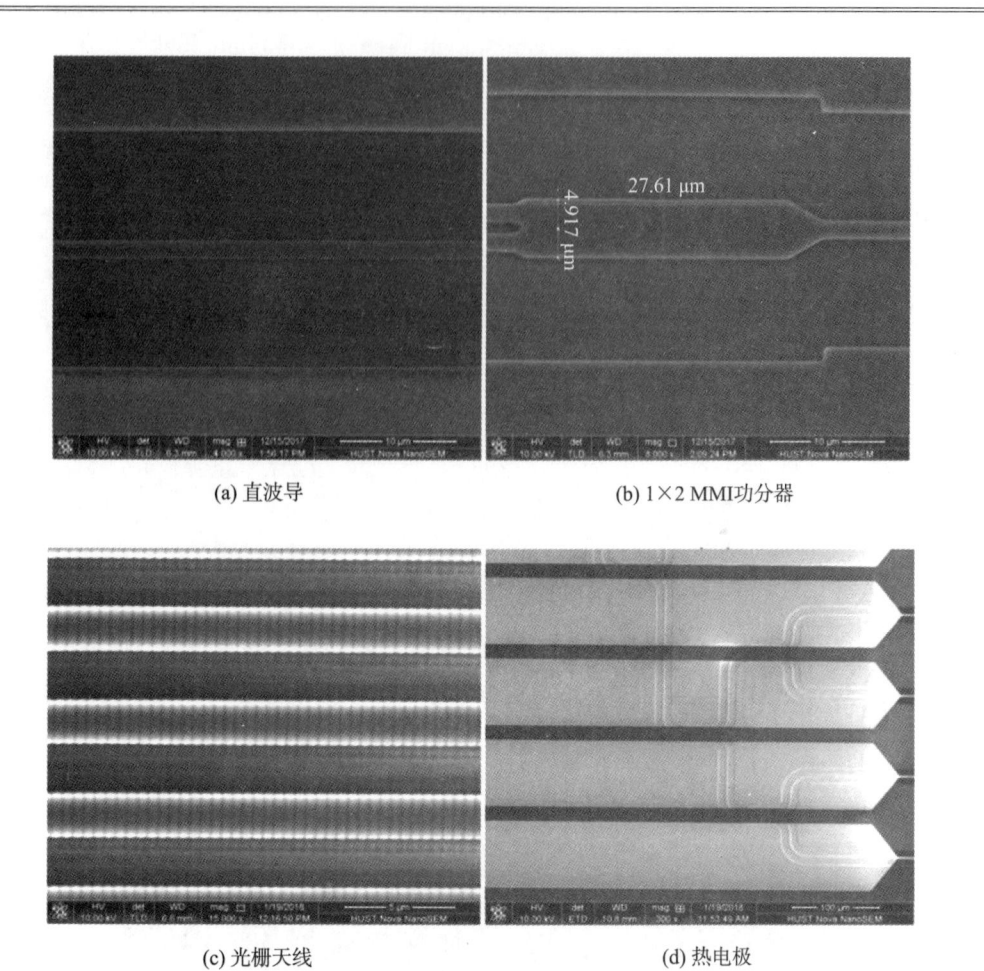

(a) 直波导   (b) 1×2 MMI功分器

(c) 光栅天线   (d) 热电极

图 5-6 1×32 硅基光相控阵芯片中各器件扫描电子显微镜照片

5.1.2 辐射特性测试

在芯片辐射特性测试之前,需完成光相控阵芯片与印制电路板的绑定与金丝键合,通过外部电路给移相器两端供电。将解理后的芯片粘贴在印制电路板上,并使用金丝将芯片上的 32 个热电极连接到印制电路板的 32 个焊盘上,如图 5-7 所示。再将印制电路板与铜散热片结合,印制电路板背面镀金属以进行热传导。为了保持光相控阵芯片的恒定温度,在散热器中嵌入了半导体制冷器(thermo-electric cooler,TEC)和温度传感器,由温度控制器控制。通过将一个多通道电流模拟输出控制器输出的 32 路电流与印制电路板上的引脚相连,为光相控阵中的每个移相器提供直流电流,实现移相器的移相控制。

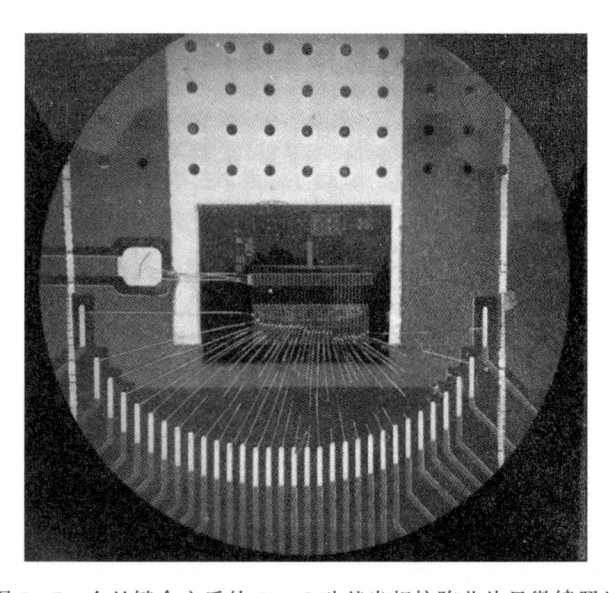

图 5 - 7　金丝键合之后的 1×32 硅基光相控阵芯片显微镜照片

　　实验中由一个可调谐半导体激光器输出波长为 1 550 nm 的连续光，采用拉锥光纤将光通过端面耦合的方式耦合到光相控阵芯片中，如图 5 - 8 所示。光被分到 32 个波导中，并通过 32 个直波导光栅天线辐射到自由空间。采用远场成像透镜组和红外相机接收光相控阵芯片辐射的远场。利用粒子群优化结合红外相机的反馈信息，对各移相器中加载的电流进行优化，使波束指向预定角度。在 −9°～+9° 的角度范围内，通过加载优化后得到的电流值，得到 19 个波束位置，角度间隔为 1°，图 5 - 9 给出了 19 个波位的归一化二维远场方向图。

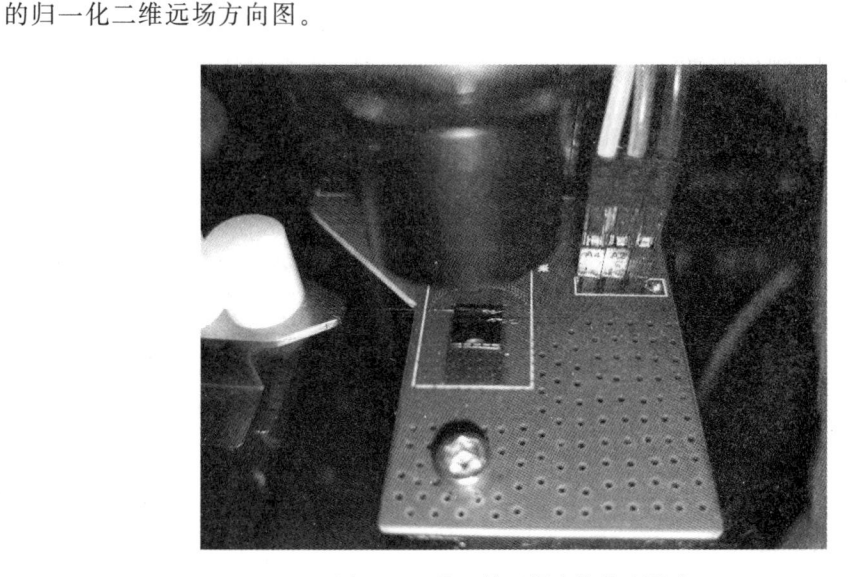

图 5 - 8　基于端面耦合的芯片测试

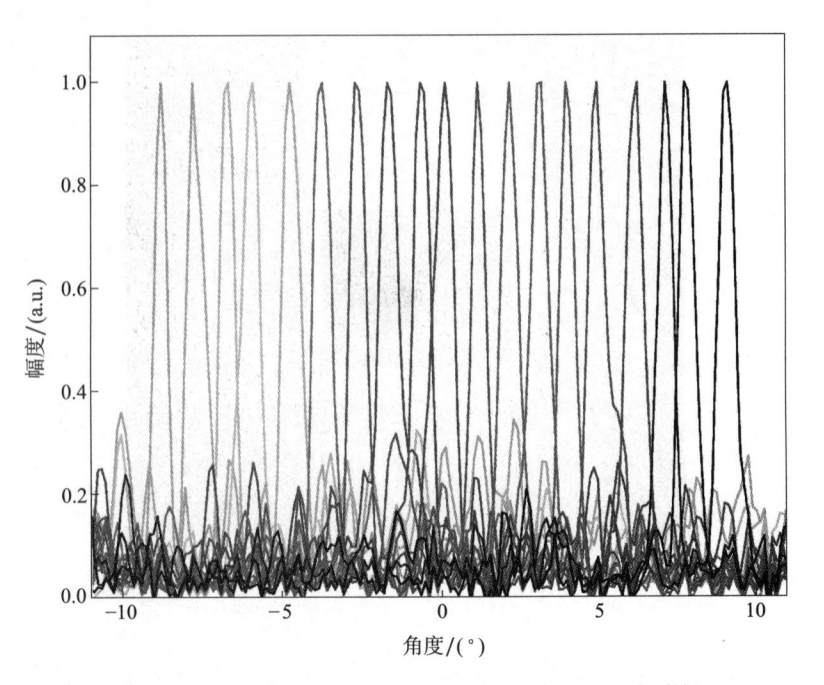

图 5 - 9　1×32 阵元光相控阵芯片二维远场方向图（见彩插）

5.1.3　仿真与测试对比

　　为验证测试结果的准确性，对所设计的 1×32 非均匀天线阵的远场辐射特性进行仿真分析。利用 3.2.2 节中的方法对非均匀天线阵列的相位分布进行优化，最终得到不同波束指向的远场方向图。

　　每个相邻光天线之间的距离 d_k 取 5.1.1 节得到的阵元间距设计值。远场辐射方向图的副瓣电平被作为相位优化的目标函数。通过优化算法得到与波束指向 θ 对应的一组相位值 $[\alpha_1, \alpha_2, \cdots, \alpha_{32}]$。当将这些相位值代入式（3 - 18）中时，可以得到光相控阵的远场辐射方向图。

　　选取波束扫描角度为 $\theta_s = -9°$、$\theta_s = 0°$ 和 $\theta_s = +9°$ 时，测量和仿真得到的光相控阵的远场辐射方向图进行对比，结果如图 5 - 10（a）、（c）和（e）所示。图 5 - 10 中的第一列显示归一化的远场方向图，主瓣附近的远场方向图显示在第二列。图中点线和实线分别代表测试值与仿真值。实测结果显示，当波束扫描角度分别为 −9°、0° 和 +9° 时，波束宽度分别为 0.53°、0.43° 和 0.63°。仿真结果显示，当波束扫描角度分别为 −9°、0° 和 +9°时，波束宽度分别为 0.54°、0.50° 和 0.53°。对比发现，所测得的远场辐射方向图与仿真结果吻合较好。

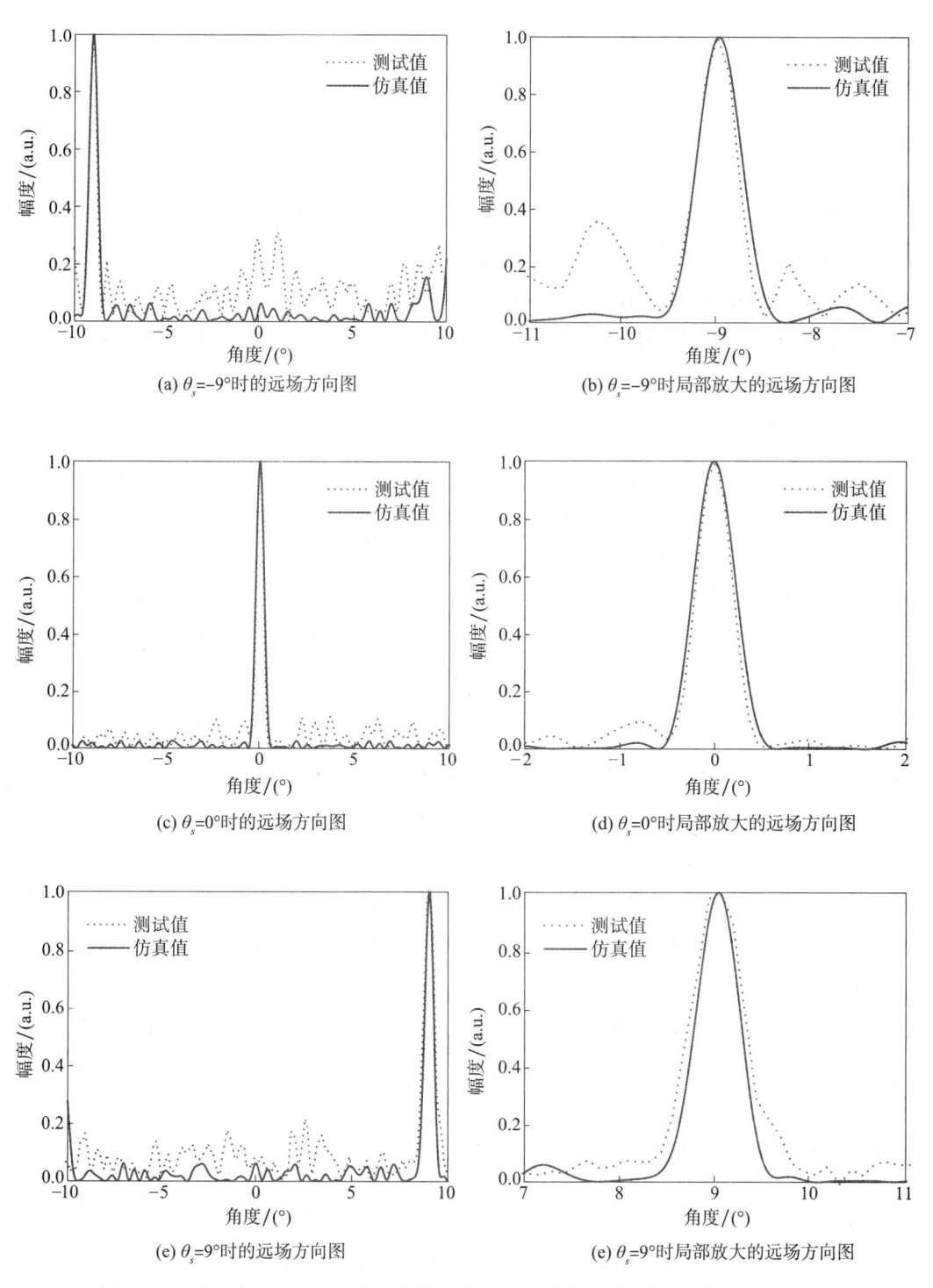

(a) $\theta_s=-9°$时的远场方向图　　　　(b) $\theta_s=-9°$时局部放大的远场方向图

(c) $\theta_s=0°$时的远场方向图　　　　(d) $\theta_s=0°$时局部放大的远场方向图

(e) $\theta_s=9°$时的远场方向图　　　　(e) $\theta_s=9°$时局部放大的远场方向图

图 5-10　非均匀 $1×32$ 阵元光相控阵芯片在不同波束扫描角度的二维远场方向图

5.2　垂直耦合的 1×64 阵元硅基光相控阵

5.2.1　设计方案

本节介绍一种基于垂直耦合方式的 1×64 阵元硅基光相控阵芯片案例。与 5.1 节中介绍的芯片不同之处在于，该芯片采用光栅耦合器实现垂直耦合。本次设计的芯片加工通过多项目晶圆（multi-project wafer，MPW）的形式流片完成，芯片中的光栅耦合器和光功率分配网络中的 MMI 功分器采用代工厂提供的工艺设计包中的标准化元件。SOI 晶圆顶部硅层的厚度为 220 nm，中间二氧化硅埋氧层的厚度为 3 μm。设计的 64 阵元的硅基光相控阵芯片包括一个光栅耦合器、一个由 63 个 1×2 的 MMI 功分器组成的并联型光功率分配网络，64 个热光移相器和一个由 64 个直波导光栅天线组成的光天线阵列。在芯片中设计的硅波导的宽度是 450 nm、高度为 220 nm，热光移相器由长 150 μm、宽 3 μm 的氮化钛（TiN）置于硅波导正上方 1 μm 处形成。经万用表测试，每个热光移相器的阻值为 1.2 kΩ。设计的直波导光栅天线的长度为 400 μm，宽度为 600 nm，光栅周期为 650 nm，占空比为 50%。为保证较高的向上辐射效率，光栅采用 70 nm 的刻蚀深度。

为了实现宽角扫描，依然采用非均匀排列的方式设计光天线阵列。通过粒子群优化算法优化得到阵元间距的分布。在优化过程中，将副瓣电平作为优化目标，设定波束扫描范围为 −17°~+17°，每个光天线单元间距的优化范围设定为 0.8λ ~ 5λ（λ=1 550 nm）。经过 2 000 次迭代，直到远场辐射方向图的副瓣电平最低时，得到最优的阵元间距分布。最终得到的阵元间距分布如图 5-11 所示，其中最大的间距为 7.44 μm，最小间距为 1.25 μm，光天线阵列的口径为 113 μm。图 5-12 为绘制的光相控阵芯片设计版图，整个芯片的长度为 7.9 mm，宽度为 2.8 mm。

图 5-13 是光相控阵芯片和印制电路板金丝键合之后的照片。其中直波导光栅天线阵列的扫描电子显微镜照片如图 5-14 所示。

5.2.2　辐射特性测试

基于垂直耦合的芯片实验测试图如图 5-15 所示。图中光纤以接近垂直于芯片表面的角度将激光器中波长为 1 550 nm 的光馈入到芯片中的光栅耦合器中。进入到光栅耦合器中的光通过波导传输，经由光功率分配网络被平均分成 64 路，馈入到各个光天线单元中，进而辐射到自由空间中。

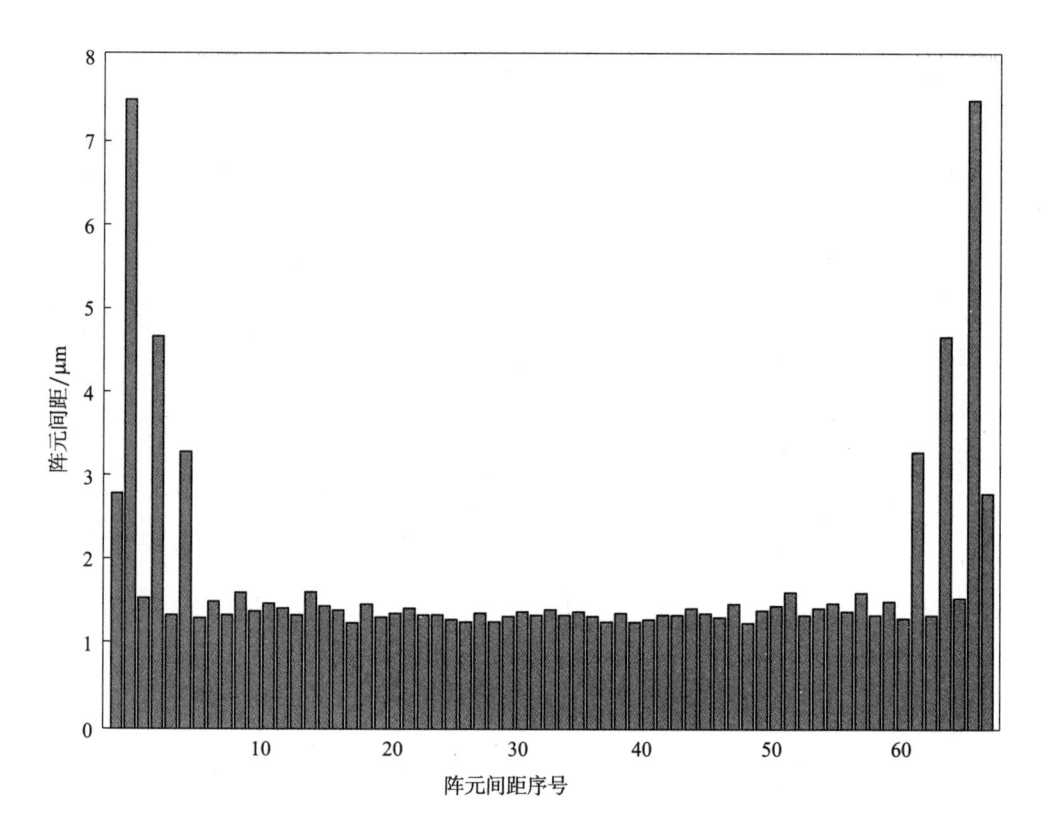

图 5-11　非均匀 1×64 天线阵中阵元间距分布

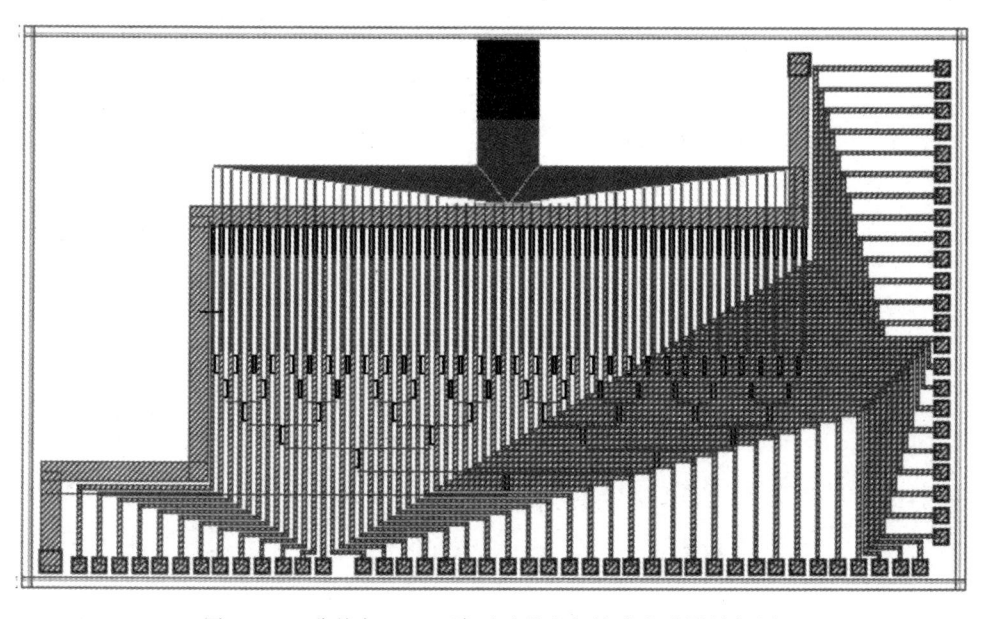

图 5-12　非均匀 1×64 阵元硅基光相控阵芯片设计版图

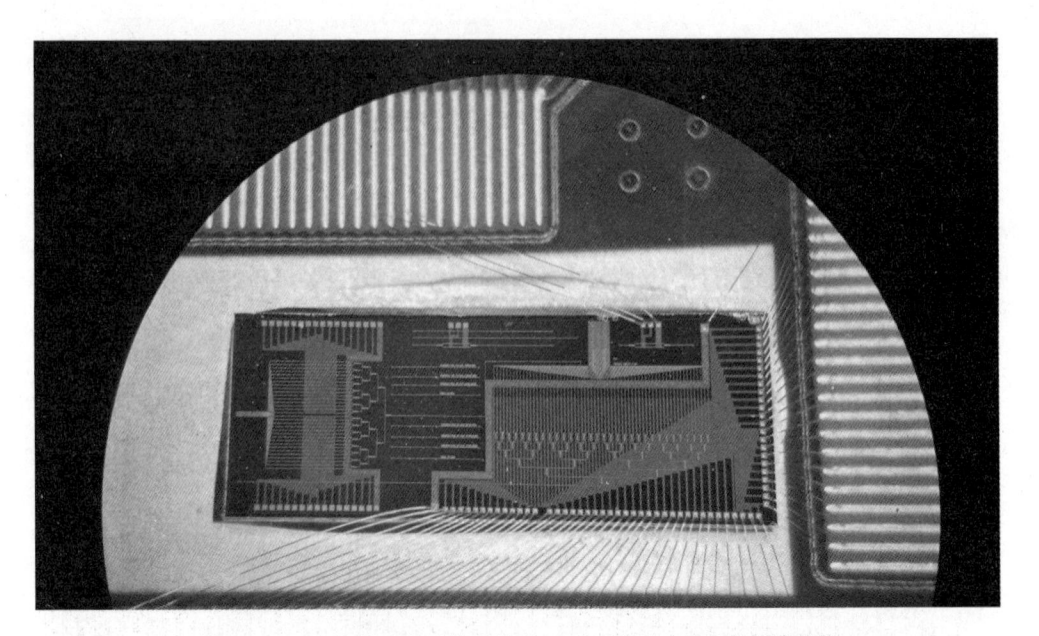

图 5 - 13 金丝键合之后的非均匀 1×64 阵元硅基光相控阵芯片

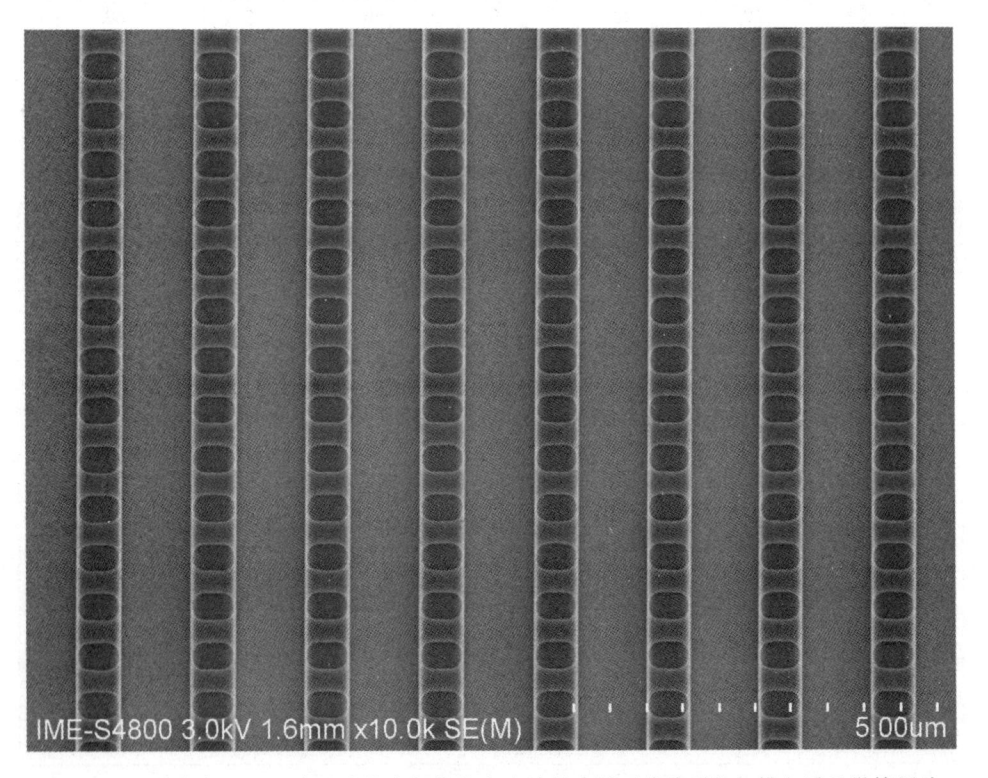

图 5 - 14 非均匀 1×64 阵元硅基光相控阵中直波导光栅天线阵列的扫描电子显微镜照片

图 5-15　基于垂直耦合的非均匀 1×64 阵元硅基光相控阵芯片测试图

采用 5.1.2 节中的波束控制相位优化方法，分别得到从 $-17°\sim+17°$ 范围内，每隔 1°的波束指向。通过红外相机捕获每个波束指向下的远场辐射方向图，提取并绘制出波束扫描的二维远场方向图如图 5-16 所示。从图中可以看出，波束扫描范围可达到 34°。相应的波束扫描的三维远场方向图如图 5-17 所示。

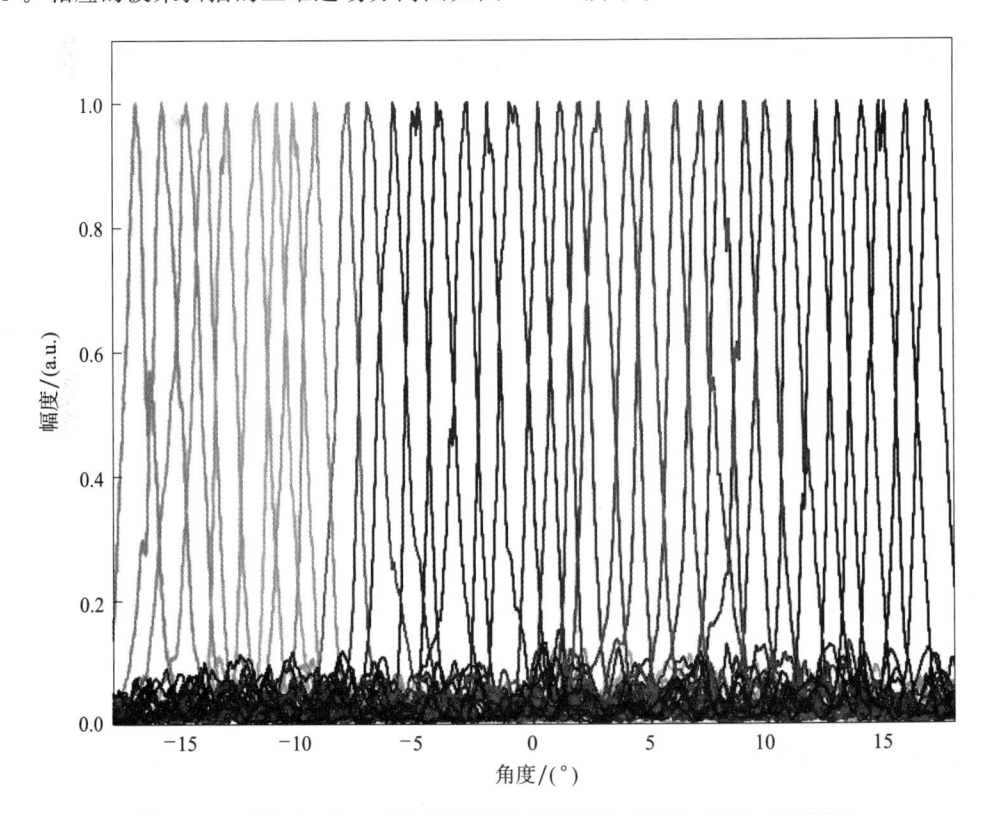

图 5-16　非均匀 1×64 阵元光相控阵芯片远场方向图（2D）（见彩插）

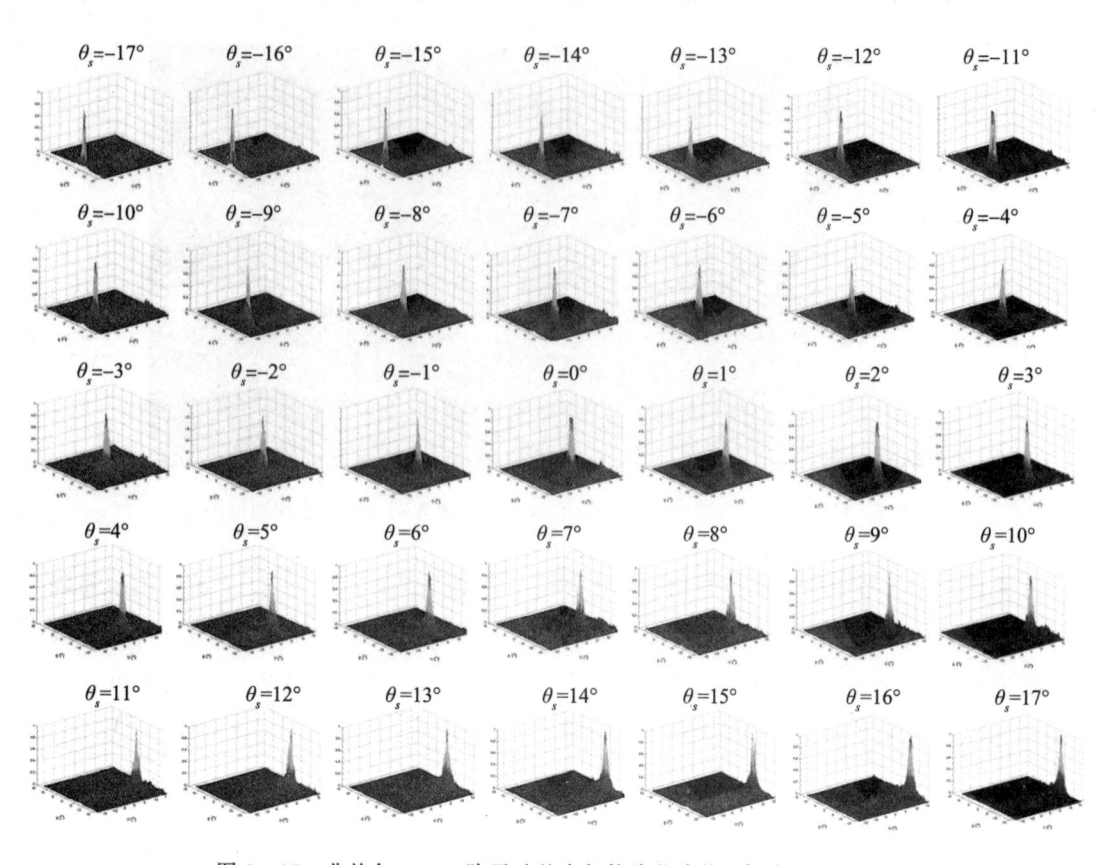

图 5 - 17　非均匀 1×64 阵元硅基光相控阵芯片的远场方向图（3D）

5.2.3　仿真与测试对比

同样地，对这个非均匀分布的 64 个光天线阵列的远场辐射方向图进行仿真。采用粒子群优化算法对不同波束指向时所需的相位分布进行优化，最终得到非均匀 1×64 硅基光相控阵芯片的远场辐射特性，包括远场辐射方向图、波束扫描角度、波束宽度、副瓣电平，并将其与实测结果进行对比。

为了对比仿真与测试结果，选取−12°、0°、12°三个波束扫描角度进行分析，如图 5 - 18 所示。图中点线和实线分别代表测试值和仿真值。图 5 - 18（a）、（c）、（e）分别代表波束指向在−12°、0°和 12°时的二维远场辐射方向图。将上述三个图的主瓣及附近区域放大，分别如图 5 - 18（b）、（d）、（f）所示。从图中可以看出，测试得到的远场方向图与仿真得到的方向图中的波束指向基本一致。对比发现，测试得到的波束宽度比仿真值略宽，且副瓣电平比仿真值略高，这主要是由于相机像素不够精细且测试环境的背景噪声及相机的动态范围有限所致。

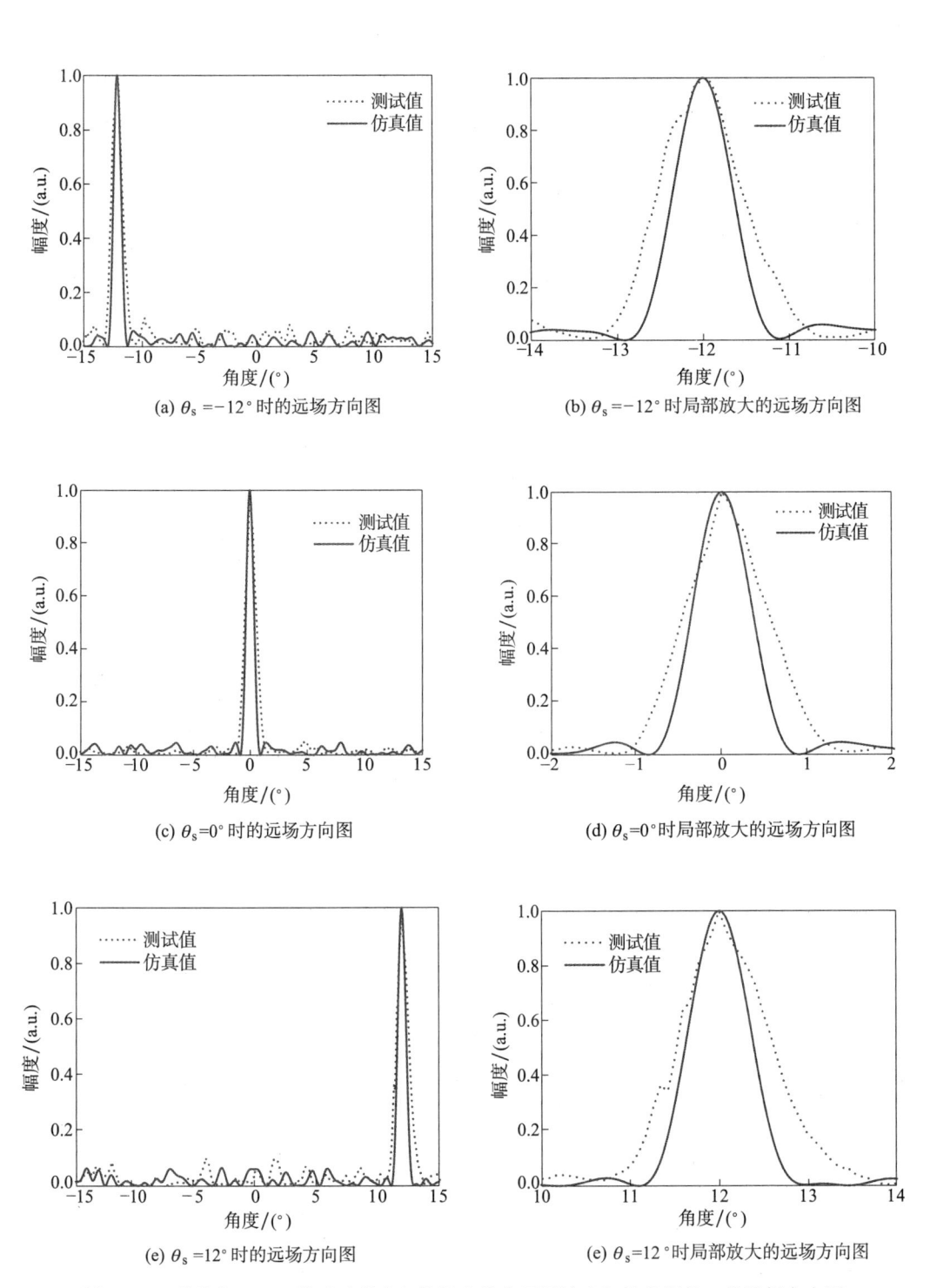

(a) $\theta_s = -12°$ 时的远场方向图

(b) $\theta_s = -12°$ 时局部放大的远场方向图

(c) $\theta_s = 0°$ 时的远场方向图

(d) $\theta_s = 0°$ 时局部放大的远场方向图

(e) $\theta_s = 12°$ 时的远场方向图

(e) $\theta_s = 12°$ 时局部放大的远场方向图

图 5-18　非均匀 1×64 阵元硅基相控阵芯片在不同波束扫描角度的二维远场方向图

5.3　垂直耦合封装的 1×128 阵元硅基光相控阵

5.3.1　设计方案

为了简化光耦合过程，将光纤与光相控阵芯片中的光耦合部分进行封装。在前面两种耦合方式的硅基光相控阵芯片的研究基础之上，本节介绍一种封装好的硅基光相控阵芯片。光纤/光栅垂直耦合封装的原理图如图 5-19 所示，光纤中的光通过一个斜切的端面被反射到芯片上的光栅耦合器中，进而被馈入到波导中。

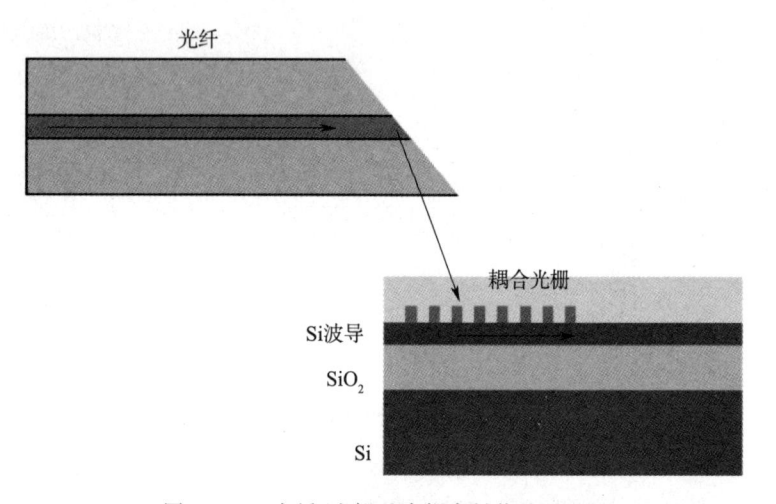

图 5-19　光纤/光栅垂直耦合封装的原理图

硅基光相控阵的规模进一步扩大，光天线单元采用与 5.2 节中同样的设计参数，光天线阵列的阵元数量提高到了 128。这里采用了均匀排布的方式，阵元间距为 1 倍波长（1.55 μm）。芯片的设计版图如图 5-20 所示，包含一个光栅耦合器、一个由 127 个 1×2 MMI 功分器组成的并联型光功率分配网络，128 个热光移相器和一个由 128 个直波导光栅天线组成的均匀光天线阵列。封装后的硅基光相控阵芯片粘贴在设计好的印制电路板上面，并用金丝键合的方式将芯片上移相器两端的热电极与印制电路板上的电极相连，如图 5-21 所示。

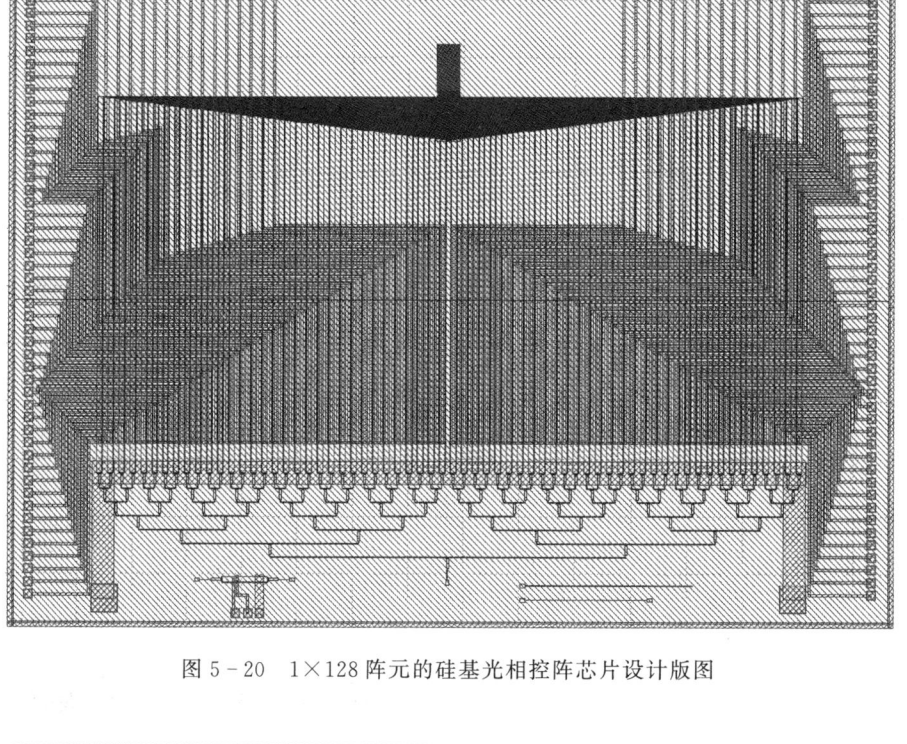

图 5 - 20　1×128 阵元的硅基光相控阵芯片设计版图

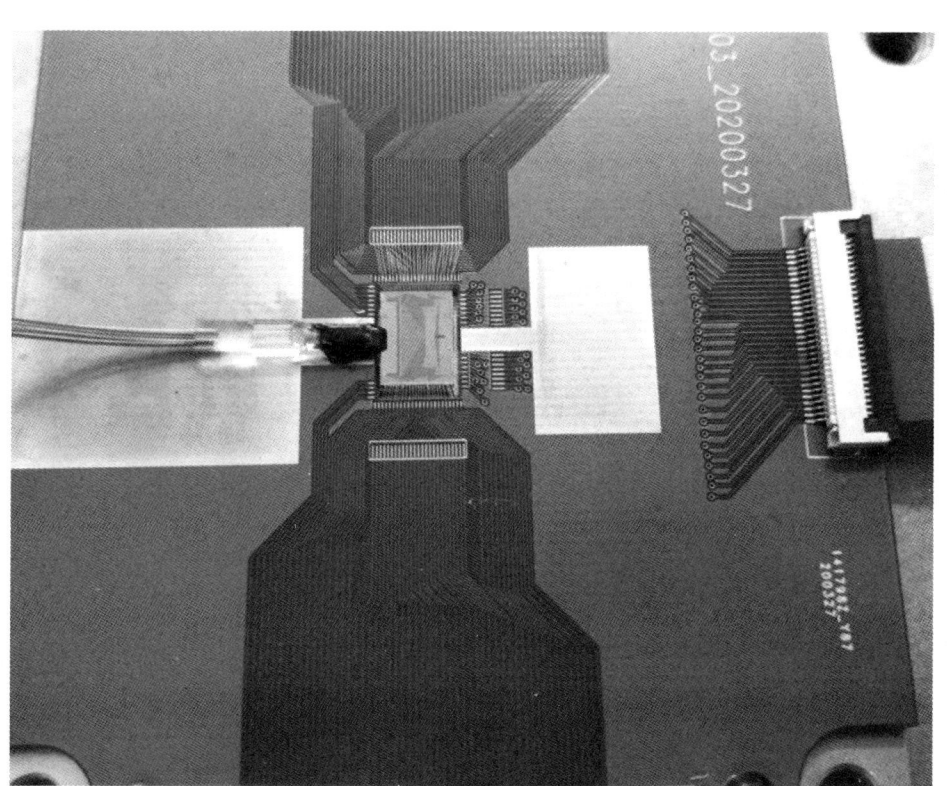

图 5 - 21　封装之后的 1×128 阵元的硅基光相控阵芯片

5.3.2　辐射特性测试

将图 5-21 中所示的印制电路板固定在热沉上，用温控器控制温度，测试图如图 5-22 所示。将激光器中波长为 1 550 nm 的光通过封装好的光纤耦合结构馈入到芯片上的波导中。芯片上波导中的光通过光功率分配网络被平均分成 128 路，馈入到各个光天线单元中，进而辐射到自由空间中。

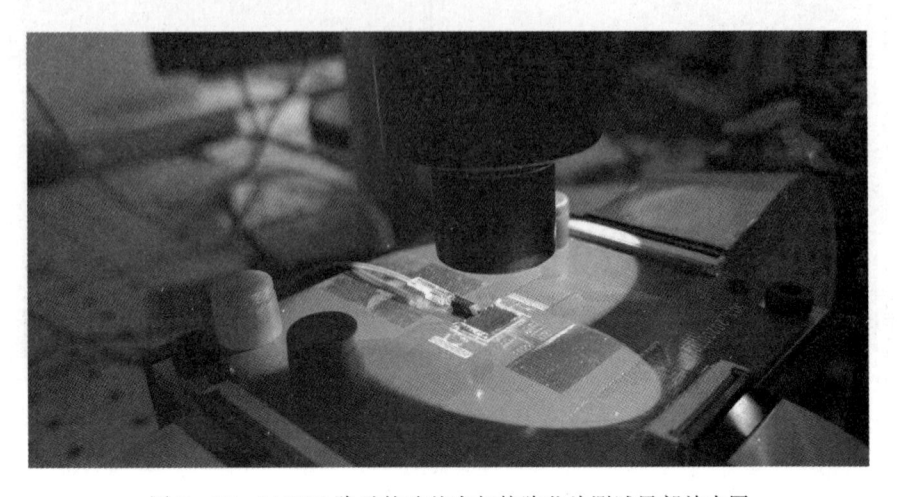

图 5-22　1×128 阵元的硅基光相控阵芯片测试局部放大图

采用 5.1.2 节中的波束控制相位优化方法，实现波束在 −20°～+20° 范围内，每间隔 1° 的波束扫描。通过红外相机捕获每个波束指向下的远场辐射方向图，提取并绘制出波束扫描的二维远场方向图如图 5-23 所示，从图中可以看出，波束扫描范围可达到40°。相应的波束扫描的三维远场方向图如图 5-24 所示。

5.3.3　仿真与测试对比

对 1×128 阵元的均匀光天线阵列的辐射特性进行仿真分析。由于光天线阵列是均匀阵列，因此，该阵列的辐射方向图可直接通过公式（3-1）计算得到。经计算得到各个波束扫描角度对应的远场方向图，并进一步计算出波束宽度和副瓣电平。

选取 −15°、0°、+15° 的波束扫描角度，进行仿真与实验结果的对比，如图 5-25 所示。图 5-25（a）、（c）、（e）分别代表波束指向在 −15°、0° 和 15° 时的二维远场辐射方向图。图 5-25（b）、（d）、（f）是将波束指向在 −15°、0° 和 15° 时得到的方向图中主瓣及附近区域放大的结果。图中点线和实线分别代表测试值和仿真值，可以看出，测试得到的远场方向图与仿真得到的方向图中的波束指向和波束宽度基本一致，由于实验误差、背景噪声、红外相机暗电流等因素的影响，测试得到的副瓣电平比仿真值高。

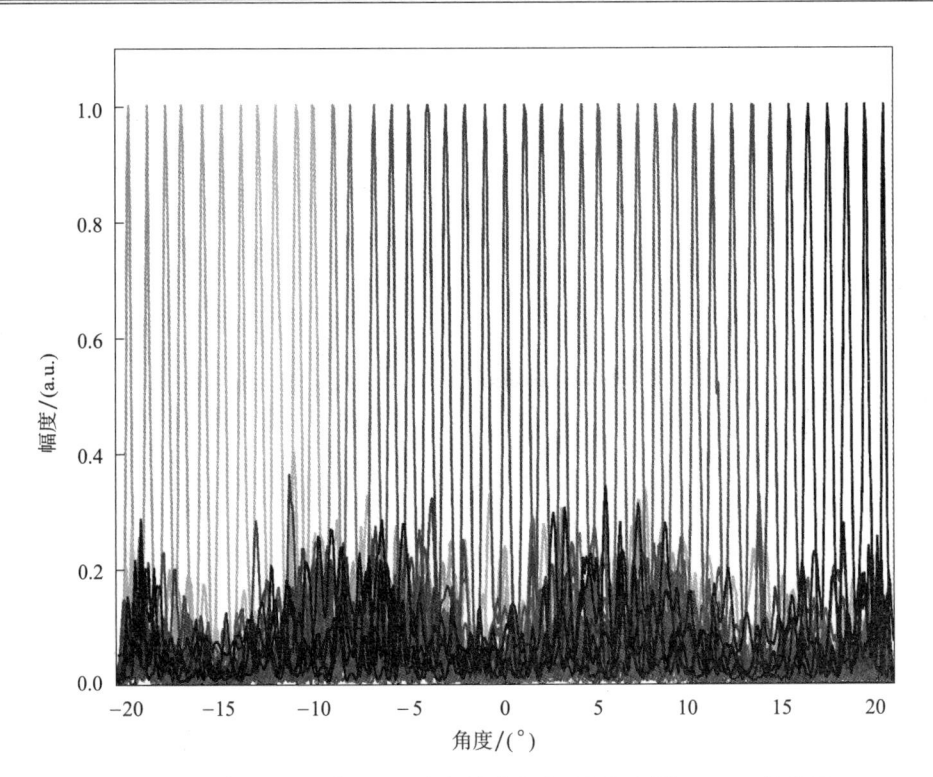

图 5 - 23 均匀 1×128 阵元硅基光相控阵芯片远场方向图 (2D) (见彩插)

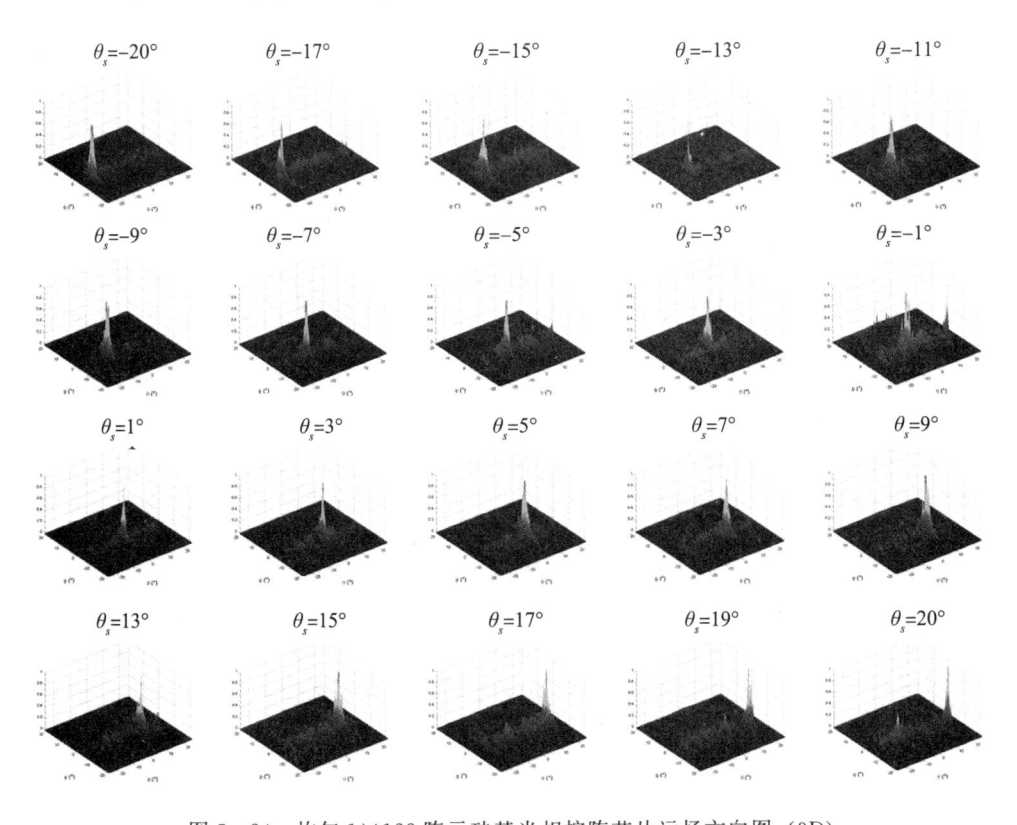

图 5 - 24 均匀 1×128 阵元硅基光相控阵芯片远场方向图 (3D)

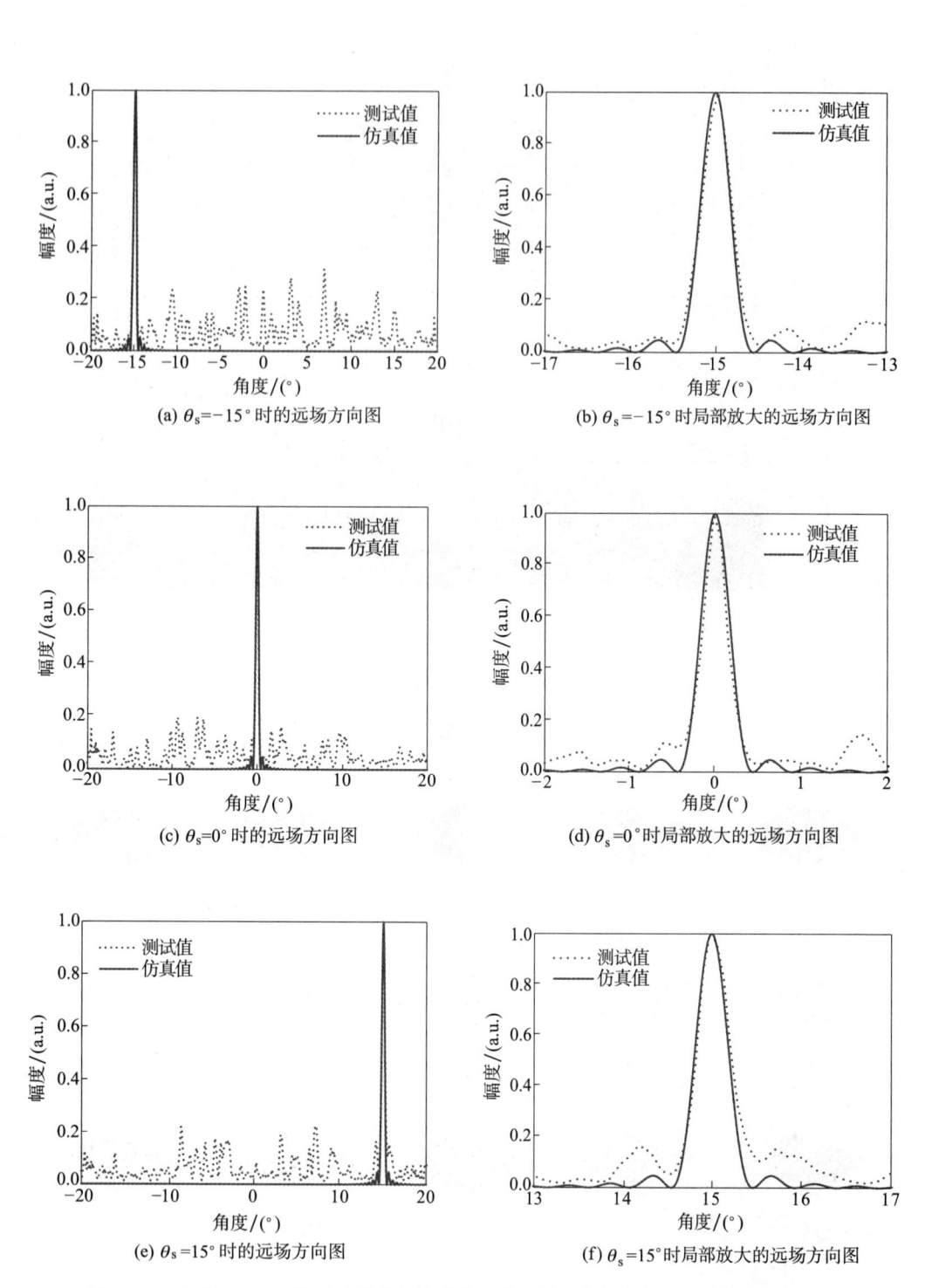

(a) $\theta_s = -15°$ 时的远场方向图　　　　　　(b) $\theta_s = -15°$ 时局部放大的远场方向图

(c) $\theta_s = 0°$ 时的远场方向图　　　　　　(d) $\theta_s = 0°$ 时局部放大的远场方向图

(e) $\theta_s = 15°$ 时的远场方向图　　　　　　(f) $\theta_s = 15°$ 时局部放大的远场方向图

图 5-25　均匀 1×128 阵元硅基光相控阵芯片在不同波束扫描角度的二维远场方向图

5.4　基于硅基光相控阵的通信演示验证

硅基光相控阵芯片通过全电控实现波束的精确指向和动态扫描，与基于机械伺服和光学镜头的旋转式光学终端相比，具有体积小、重量轻、波束可捷变、扫描速度快、多波束等优势，将来有望应用于激光雷达、激光通信等领域。通过一个 64 阵元的硅基光相控阵芯片波束快速扫描切换演示与短距离自由空间光通信案例说明光子集成相控阵芯片在未来激光通信领域的应用前景。

演示验证实验中采用封装好的光相控阵芯片实物如图 5-26 所示，天线阵列规模为64 阵元，通过 64 个通道的电压信号控制移相器实现波束扫描，波束的宽度为 0.9°。

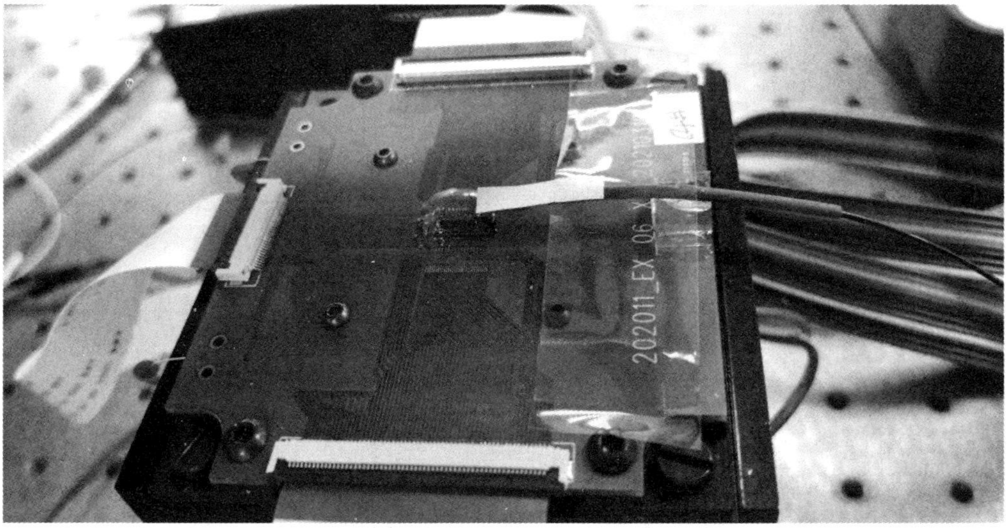

图 5-26　耦合封装好的 1×64 阵元的硅基光相控阵芯片

5.4.1　基于硅基光相控阵的波束扫描切换演示验证

图 5-27 展示了基于光相控阵芯片的波束扫描切换演示验证系统示意图。图中光相控阵芯片辐射的光束经过透镜直接由探测器接收，将探测器的探测面置于透镜的焦平面上，探测器接收到的光功率转化为电压信号，并通过示波器输出。通过电压信号的强弱可判断出辐射光功率的大小。为实现波束在两个方向上的动态切换演示，在另一个方向上（与第一路夹角为 θ）同样放置一个透镜和一个探测器，分别将两个探测器与示波器的通道 1 和通道 2 相连，通过观察示波器上显示的两个通道的电压信号的变化验证光相控阵芯片的波束动态切换。

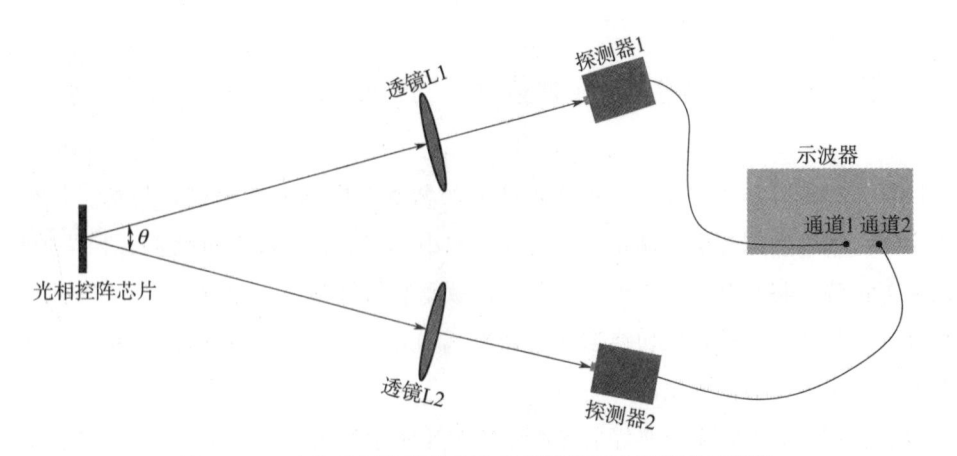

图 5 - 27　硅基光相控阵芯片波束切换演示验证系统示意图

　　在实验室搭建的光相控阵芯片波束扫描切换演示验证系统如图 5 - 28 所示。激光器输出的光通过偏振控制器之后馈入到 64 阵元的硅基光相控阵芯片中，通过 64 通道的电压信号控制 64 路移相器来实现波束偏转。光相控阵芯片向上辐射的光束经过一个 45°角放置的红外反射镜之后，沿着平行于光学平台的方向传播。将两个红外探测器置于光相控阵芯片辐射光束指向为 0°和 10°的方向上，距离硅基光相控阵芯片约 60 cm 处的位置。将两个探测器分别与示波器的两个通道相连，利用示波器观察经由探测器光电转化之后的电信号。

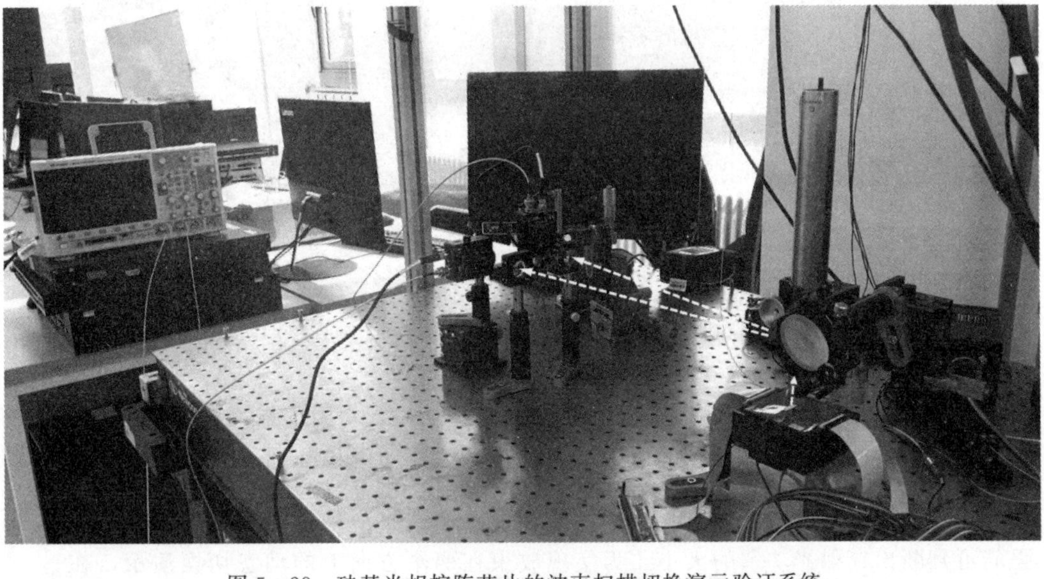

图 5 - 28　硅基光相控阵芯片的波束扫描切换演示验证系统

　　根据提前标定好的波束指向电压分布，控制多通道电压源，将光相控阵芯片辐射光束指向 0°时，示波器通道 1 中亮色的线表现为高电平 [图 5 - 29 （a）]；当光相控阵

芯片的辐射光束指向 10°角方向时，示波器通道 2 中暗色的线表现为高电平 ［图 5 - 29
（b）］。

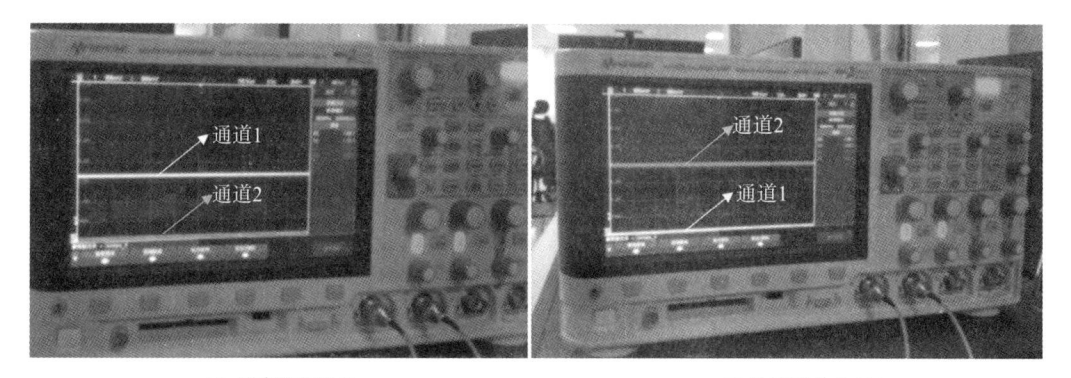

(a) 波束指向为0°　　　　　　　　　　　　　　(b) 波束指向为10°

图 5 - 29　示波器中接收到的红外探测器的波形

当电压驱动波束在 0°和 10°两个方向上快速切换时，示波器显示出两通道接收信号
变化的波形，如图 5 - 30 所示。

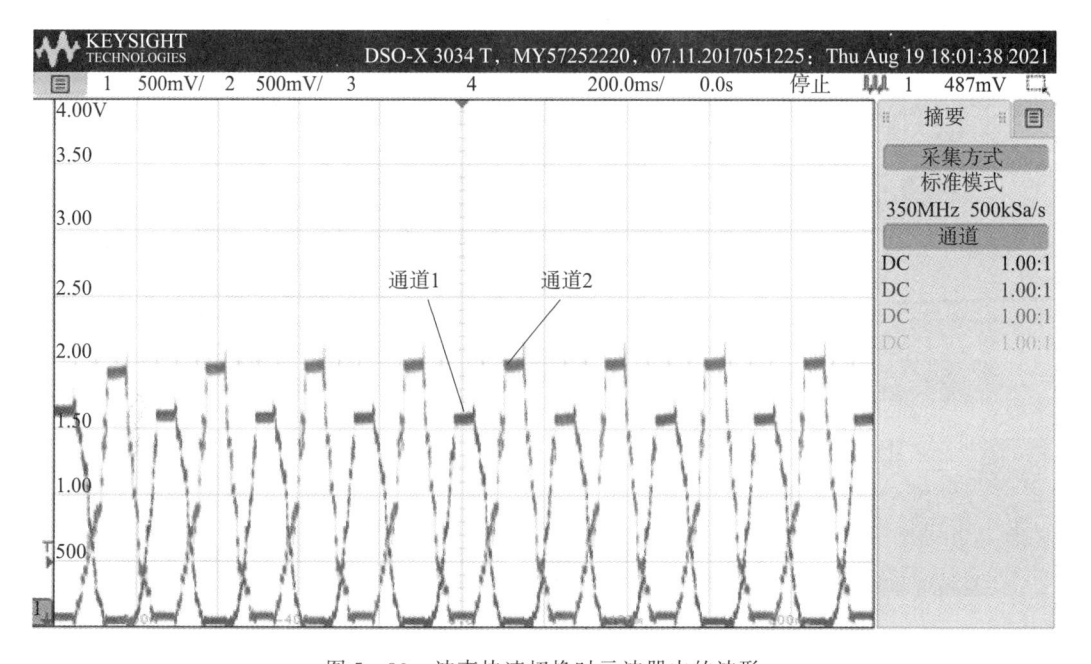

图 5 - 30　波束快速切换时示波器中的波形

5.4.2　基于硅基光相控阵的自由空间光通信演示验证

图 5 - 31 展示了基于光相控阵芯片的自由空间光通信演示验证系统的示意图。激光
器输出的光载波经由偏振控制器调整偏振态，之后再经调制器加载调制信号后馈入到

硅基光相控阵芯片中。硅基光相控阵芯片辐射的信号光在自由空间中传输一段距离后，通过接收透镜聚焦在光电探测器的接收面。示波器连接光电探测器输出端，通过观察示波器输出电信号幅度，可间接得到接收光信号的强度信息。

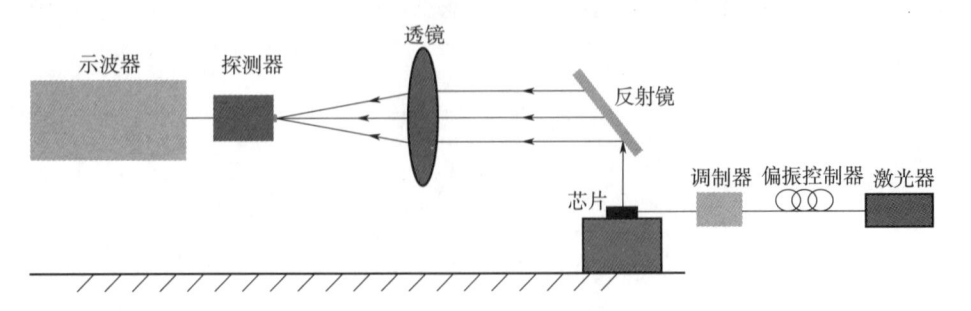

图 5-31　基于硅基光相控阵芯片的自由空间光通信演示验证系统示意图

搭建的短距离空间光通信演示验证系统如图 5-32 所示。发射端由激光器、偏振控制器、铌酸锂调制器、信号发生器和硅基光相控阵芯片组成。硅基光相控阵芯片仍通过 64 通道的电压信号控制来实现波束扫描。

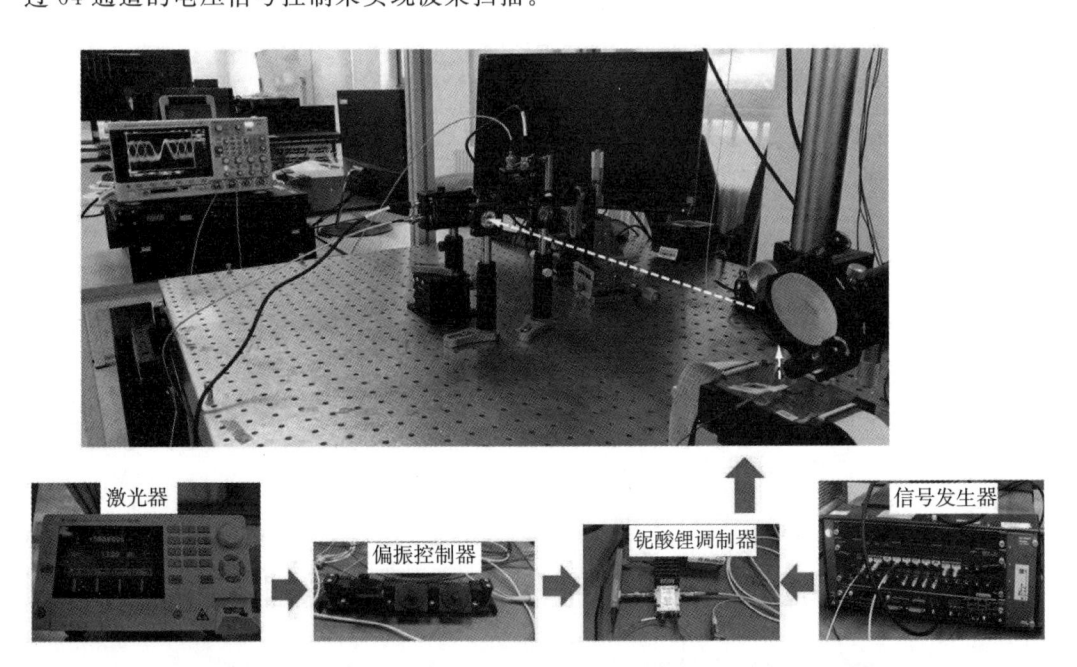

图 5-32　基于硅基光相控阵芯片的短距离空间光通信演示验证系统

激光器输出波长为 1 550 nm 的光载波，经由偏振控制器输入到铌酸锂调制器中。铌酸锂调制器与信号发生器相连，信号发生器产生的伪随机信号经射频放大器放大后，通过铌酸锂调制器被调制在光载波上。被调制之后的光通过光纤馈入到硅基光相控阵芯片中，经由硅基光相控阵芯片发射到指定方向的探测器上，光电探测器将接收到的光强信号转化为电信号，并通过示波器观察探测器输出的眼图结果，如图 5-33 所示。

清晰的眼图表明，通信质量良好，验证了硅基光相控阵芯片在自由空间光通信领域应用的可行性。

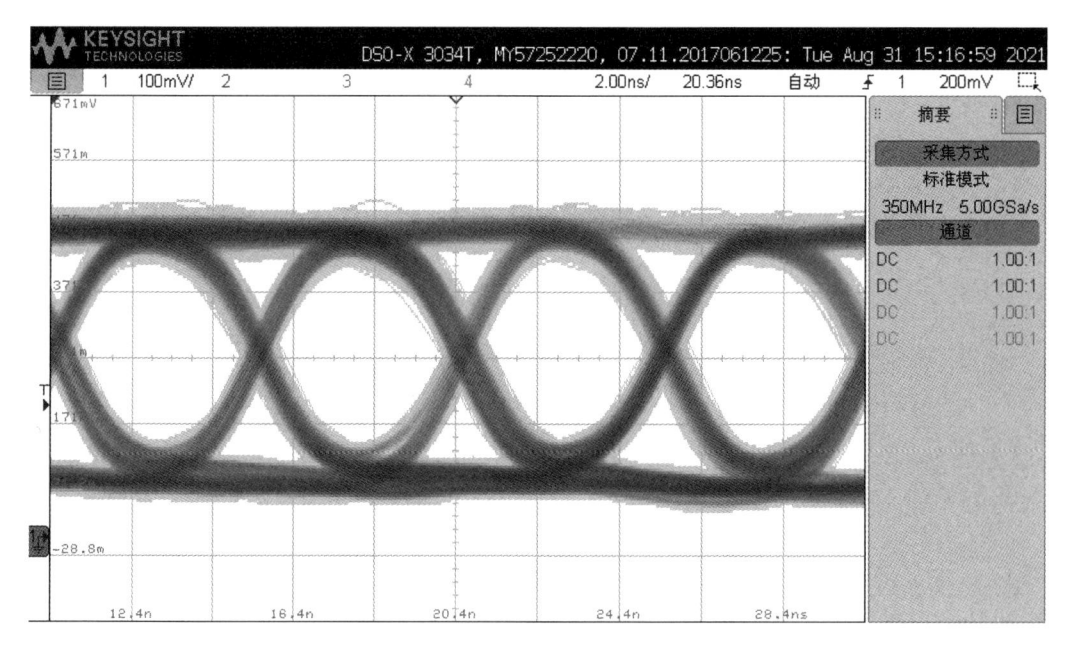

图 5-33　基于硅基光相控阵芯片的短距离空间光通信实验中示波器中的眼图

参 考 文 献

［1］ 瞿荣辉，叶青，董作人，等．基于电光材料的光学相控阵技术研究进展［J］．中国激光，
  2008，35（12）：1861–1867.

［2］ TIEN P K. Light beam scanning and deflection in epitaxial LiNbO$_3$ electro–optic waveguides
  ［J］. Applied Physics Letters, 1974, 25 (10): 563–565.

［3］ 闫爱民，职亚楠，孙建锋，等．光学相控阵扫描技术研究进展［J］．激光与光电子学进展，
  2011，48（10）：102801.

［4］ 颜跃武，安俊明，张家顺，等．光学相控阵技术研究进展［J］．激光与光电子学进展，2018，
  55（2）：020018.

［5］ RESLER D P, HOBBS D S, SHARP R C, et al. High–efficiency liquid–crystal optical phased–
  array beam steering ［J］. Optical Letters, 1996, 21 (9): 689–691.

［6］ WANG Y, ZHOU G, ZHANG X, et al. 2D broadband beamsteering with large–scale MEMS
  optical phased array ［J］. Optica, 2019, 6 (5): 557–562.

［7］ YANG W, SUN T, RAO Y, et al. High speed optical phased array using high contrast grating
  all–pass filters ［J］. Optics Express, 2014, 22 (17): 20038–20044.

［8］ YOO B W, MEGENS M, CHAN T, et al. Optical phased array using high contrast gratings
  for two dimensional beamforming and beamsteering ［J］. Optics Express, 2013, 21 (10):
  12238–12248.

［9］ YOO B W, MEGENS M, SUN T, et al. A 32 × 32 optical phased array using polysilicon
  sub–wavelength high–contrast–grating mirrors ［J］. Optics Express, 2014, 22 (16):
  19029–19039.

［10］ 庄东炜，韩晓川，李雨轩，等．硅基光电子集成光控相控阵的研究进展［J］．激光与光电子学
  进展，2018，55（05）：050006.

［11］ SOREF R A, BENNETT B R. Electrooptical effects in silicon ［J］. IEEE Journal of Quantum
  Electronics, 1987, 23 (1): 123–129.

［12］ COCORULLO G, RENDINA I. Thermo–optical modulation at 1. 5 μm in silicon etalon ［J］.
  Electronics Letters, 1992, 28 (1): 83–85.

［13］ ROTH J E, FIDANER O, EDWARDS E H, et al. C–band side–entry Ge quantum–well
  electroabsorption modulator on SOI operating at 1 V swing ［J］. Electronics Letters, 2008, 44
  (1): 49.

[14] ROTH J E, FIDANER O, SCHAEVITZ R K, et al. Optical modulator on silicon employing germanium quantum wells [J]. Optics Express, 2007, 15 (9): 5851 – 5859.

[15] WANG C, ZHANG M, CHEN X, et al. Integrated lithium niobate electro – optic modulators operating at CMOS – compatible voltages [J]. Nature, 2018, 562 (7725): 101 – 104.

[16] ZHANG M, BUSCAINO B, WANG C, et al. Broadband electro – optic frequency comb generation in a lithium niobate microring resonator [J]. Nature, 2019, 568 (7752): 373 – 377.

[17] BHARADWAJ P, DEUTSCH B, NOVOTNY L. Optical antennas [J]. Advances in Optics and Photonics, 2009, 1 (3): 438.

[18] SUN J, TIMURDOGAN E, YAACOBI A, et al. Large – scale nanophotonic phased array [J]. Nature, 2013, 493 (7431): 195 – 199.

[19] ABEDIASL H, HASHEMI H. Monolithic optical phased – array transceiver in a standard SOI CMOS process [J]. Optics Express, 2015, 23 (5): 6509 – 6519.

[20] Van ACOLEYEN K, BOGAERTS W, JAGERSKA J, et al. Off – chip beam steering with a one – dimensional optical phased array on silicon – on – insulator [J]. Optics Letters, 2009, 34 (9): 1477 – 1479.

[21] POULTON C V, YAACOBI A, SU Z, et al. Optical phased array with small spot size, high steering range and grouped cascaded phase shifters [C]. Advanced Photonics Congress, 2016: IW1B. 2.

[22] HUTCHISON D N, SUN J, DOYLEND J K, et al. High – resolution aliasing – free optical beam steering [J]. Optica, 2016, 3 (8): 887 – 890.

[23] CHUNG S W, ABEDIASL H, HASHEMI H. A monolithically integrated large scale optical phased array in silicon – on – insulator CMOS [J]. IEEE Journal of Solid – State Circuits, 2018, 53 (1): 275 – 296.

[24] MILLER S A, CHANG Y C, PHARE C T, et al. Large – scale optical phased array using a low – power multi – pass silicon photonic platform [J]. Optica, 2020, 7 (1): 3 – 6.

[25] GUO W H, BINETTI P R A, ALTHOUSE C, et al. Two – dimensional optical beam steering with InP – based photonic integrated circuits [J]. IEEE Journal of Selected Topics in Quantum Electronics, 2013, 19 (4): 6100212.

[26] HULME J C, DOYLEND J K, HECK M J, et al. Fully integrated hybrid silicon two dimensional beam scanner [J]. Optics express, 2015, 23 (5): 5861 – 5874.

[27] ZHANG Y, SHANG K, LING Y C, et al. 3D integrated silicon photonic unit cell with vertical U – turn for scalable optical phase array [C]. CLEO: Science and Innovations, 2018: SM3I. 6.

[28] PHARE C T, MIN C S, MILLER S A, et al. Silicon optical phased array with high – efficiency beam formation over 180 degree field of view [J]. ArXiv: 1802, 04624, 2018.

[29] Van ACOLEYEN K, ROGIER H, BAETS R. Two – dimensional optical phased array antenna on silicon – on – insulator [J]. Optics Express, 2010, 18 (13): 13655 – 13660.

[30] ASHTIANI F, AFLATOUNI F. N×N optical phased array with 2N phase shifters [J]. Optics Express, 2019, 27 (19): 27183.

[31] FATEMI R, KHACHATURIAN A, HAJIMIRI A. A nonuniform sparse 2 - D large - FOV optical phased array with a low - power PWM drive [J]. IEEE Journal of Solid - State Circuits, 2019, 54 (5): 1200 - 1215.

[32] ZHANG H, ZHANG Z, LÜ J, et al. Fast beam steering enabled by a chip - scale optical phased array with 8×8 elements [J]. Optics Communications, 2020, 461: 125267.

[33] HE J W, DONG T, XU Y. Review of photonic integrated optical phased arrays [J]. IEEE Access, 2020 (8): 188248 - 188298.

[34] WANG P E, LUO G Z, LI Y J, et al. Two - dimensional large - angle scanning optical phased array with single wavelength beam [C]. 2014 Conference on Lasers and Electro - Optics (CLEO), 2019: JTh2A. 72.

[35] GUAN B, QIN C, SCOTT R P, et al. Hybrid 3D photonic integrated circuit for optical phased array beam steering [C]. CLEO: Science and Innovations, 2015: STu2F. 1.

[36] YOO S J B, GUAN B, SCOTT R P. Heterogeneous 2D/3D photonic integrated microsystems [J]. Microsystems Nanoengineering, 2016 (2): 16030.

[37] XU Y, DONG T, HE J W, et al. Large scalable and compact hybrid plasmonic nanoantenna array [J]. Optical Engineering, 2018, 57 (08): 087101.

[38] SUN X, ZHANG L, ZHANG Q, et al. Si photonics for practical LiDAR solutions [J]. Applied Sciences, 2019, 9 (20): 4225.

[39] WANG P, LUO G, XU Y, et al. Design and fabrication of a SiN - Si dual - layer optical phased array chip [J]. Photonics Research, 2020, 8 (6): 912.

[40] 邢德财. 几种介质光栅的衍射特性研究 [D]. 成都: 四川大学, 2005.

[41] 梁铨廷. 物理光学 [M]. 北京: 电子工业出版社, 1980.

[42] VOLAKIS J L. Antenna engineering handbook [M]. Fourth Edition. McGraw - Hill US, 2009.

[43] MAIER S A. Plasmonics: fundamentals and applications [M]. Springer US, 2007.

[44] JOHNSON P B, CHRISTY R W. Optical constants of the noble metals [J]. Physical Review B, 1972, 6 (12): 4370 - 4379.

[45] 康行健. 天线原理与设计 [M]. 北京: 北京理工大学出版社, 1993.

[46] ZHANG D C, ZHANG F Z, PAN S L. Grating - lobe - suppressed optical phased array with optimized element distribution [J]. Optics Communications, 2018, 419: 47 - 52.

[47] 王建, 郑一农, 何子远. 阵列天线理论与工程应用 [M]. 北京: 电子工业出版社, 2015, 108 - 116.

[48] SOLDANO L B, PENNINGS E C M. Optical multi - mode interference devices based on self - imaging: principles and applications [J]. Journal of Lightwave Technology, 1995, 13 (4): 615 - 627.

[49] 周治平. 硅基光电子学 [M]. 北京：北京大学出版社，2017：115，116.

[50] LAI Q，BACHMANN M，MELCHIOR H. Low – loss $1 \times N$ multimode interference couplers with homogeneous output power distributions realised in silica on Si material [J]. Electronics Letters，1997，33 (20)：1699，1700.

[51] TSENG S Y，CHOI S，KIPPELEN B. Variable ratio power splitters using computer – generated planar holograms on 2×2 multimode interference couplers [C] // Conference on Lasers & Electro – optics. IEEE，2009.

[52] DENG Q Z，LI X B，CHEN R B，et al. Ultra compact and low loss multimode interference splitter for arbitrary power splitting [C] // IEEE International Conference on Group IV Photonics. IEEE，2014.

[53] LE T T，CAHILL L W. The design of multimode interference couplers with arbitrary power splitting ratios on an SOI platform [C] // Lasers & Electro – optics Society，Leos Meeting of the IEEE. IEEE，2008.

[54] BESSE P A，GINI E，BACHMANN M，et al. New 2×2 and 1×3 multimode interference couplers with free selection of power splitting ratios [J]. Journal of Lightwave Technology，1996，14 (10)：2286 – 2293.

[55] YIN S，KIM J H，WU F，et al. Ultra – fast speed，low grating lobe optical beam steering using unequally spaced phased array technique [J]. Optics Communications，2007，270 (1)：41 – 46.

[56] KWONG D，HOSSEINAI，ZHANG R，et al. 1×12 Unequally spaced waveguide array for actively tuned optical phased array on a silicon nanomembrane [J]. Applied Physics Letters，2011，99 (5)：051104 – 1 – 051104 – 3.

[57] HULME J C，DOYLEND J K，HECK M J R，et al. Fully integrated hybrid silicon two dimensional beam scanner [J]. Optics Express，2015，23 (5)：5861 – 5874.

[58] ZHUANG D W，ZHANG L X，HAN X C，et al. Omnidirectional beam steering using aperiodic optical phased array with high error margin [J]. Optics Express，2018，26 (15)：19154 – 19170.

[59] 杜书剑，章羚璇，王国玺，等. 基于爬坡算法的片上低栅瓣二维光学相控阵 [J]. 光子学报，2018，47 (9)：83 – 91.

[60] 郭亚平，赵江，李波. 基于波导间隔余弦分布的光学相控阵研究 [J]. 激光技术，2019，43 (1)：102 – 106.

[61] HUTCHISON D N，SUN J，DOYLEND L K，et al. High – resolution aliasing – free optical beam steering [J]. Optica，2016，3 (8)：887 – 890.

[62] SHIN M C，MOHANTY A，WATSON K，et al. Chip – scale blue light phased array [J]. Optics Letters，2020，45 (7)：1934 – 1936.

[63] 杨丽娜，丁君，郭陈江，等. 基于遗传算法的阵列天线方向图综合技术 [J]. 微波学报，2005，21 (2)：38 – 41.

［64］ 李东风，龚中麟. 遗传算法应用于超低副瓣线阵天线方向图综合 ［J］. 电子学报，2003，31
　　　 （1）：123 - 126.

［65］ KENNEDY J，EBERHART R. Particle swarm optimization ［C］ // Proceedings of ICNN'95 -
　　　 International Conference on Neural Networks. IEEE，1995.

［66］ HE X Y，DONG T，HE J W，et al. A design approach of optical phased array with low side
　　　 lobe level and wide angle steering range ［J］. Photonics，2021，8 （63）：8030063.

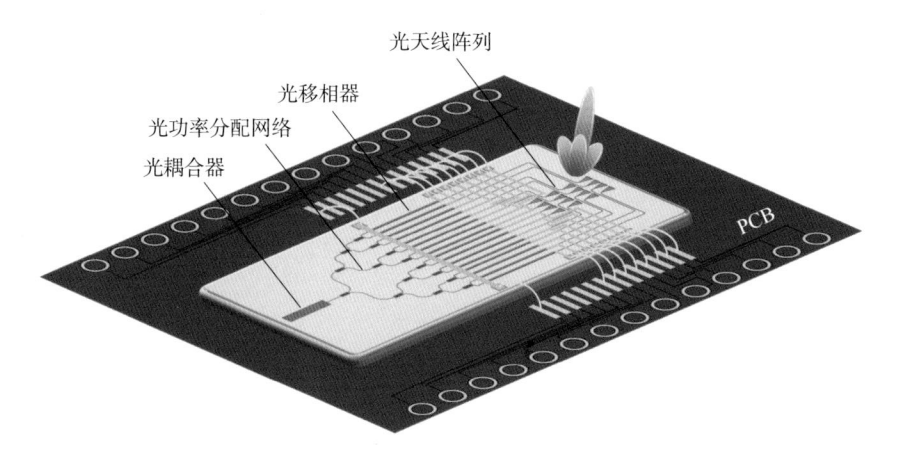

图 1-1　光相控阵原理图（P3）

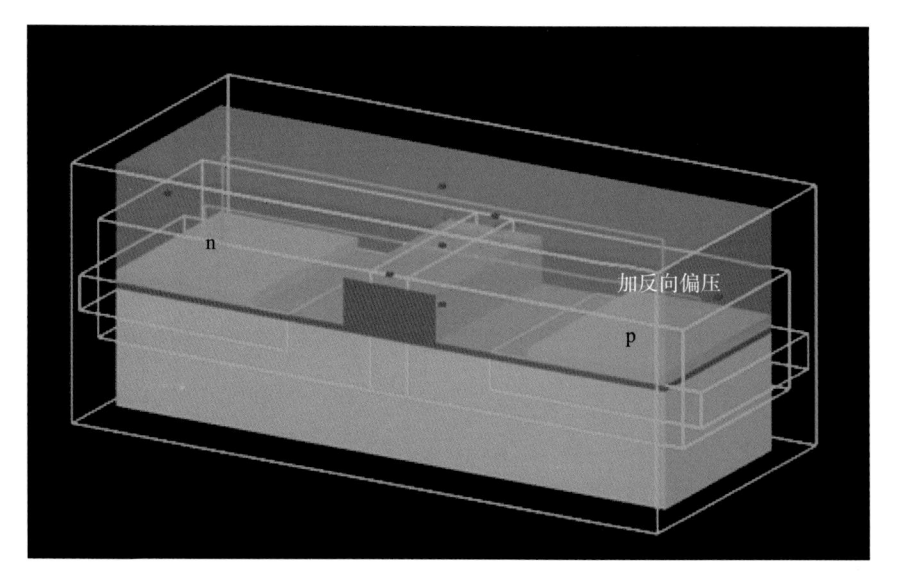

图 1-8　载流子耗尽型电光移相器的仿真模型（P8）

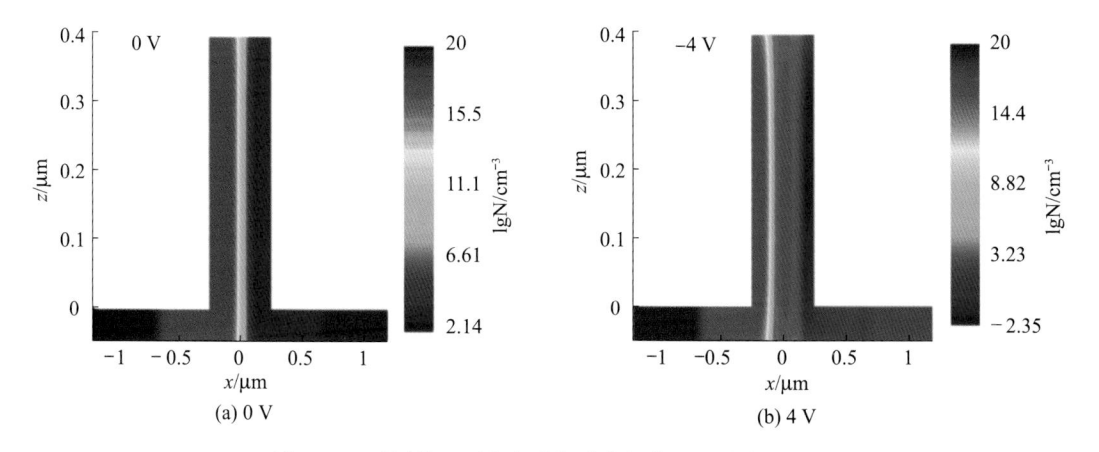

(a) 0 V　　　　　　　　　　　　　　(b) 4 V

图 1-9　不同偏压下电光移相器中的载流子分布（P8）

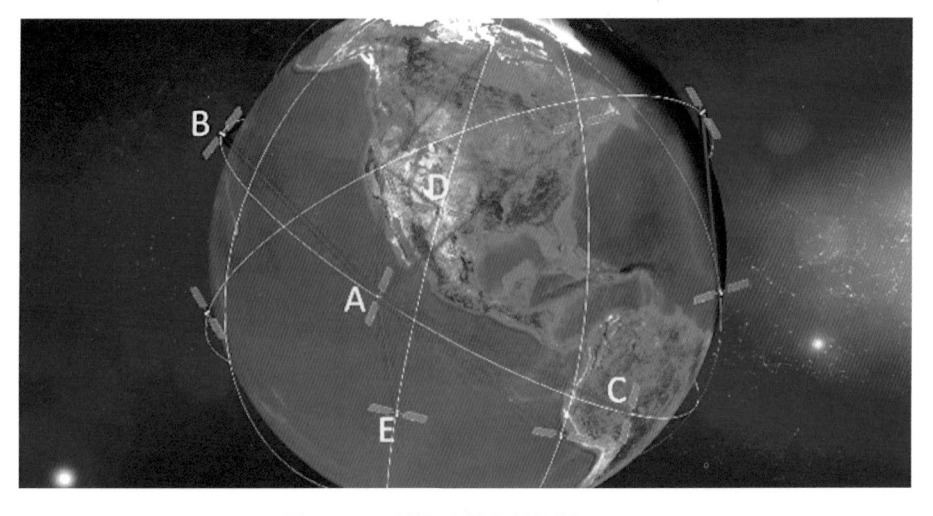

图 1-18　低轨卫星之间组网（P21）

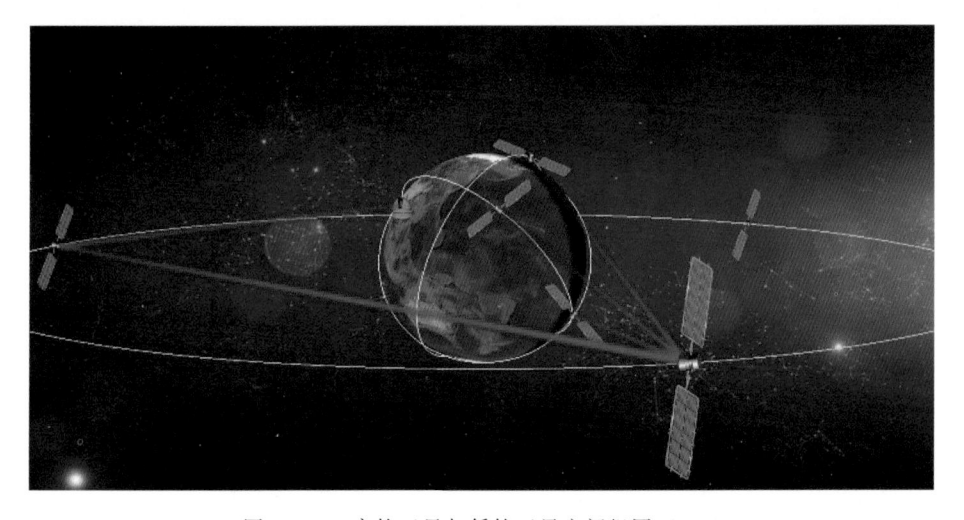

图 1-19　高轨卫星与低轨卫星之间组网（P22）

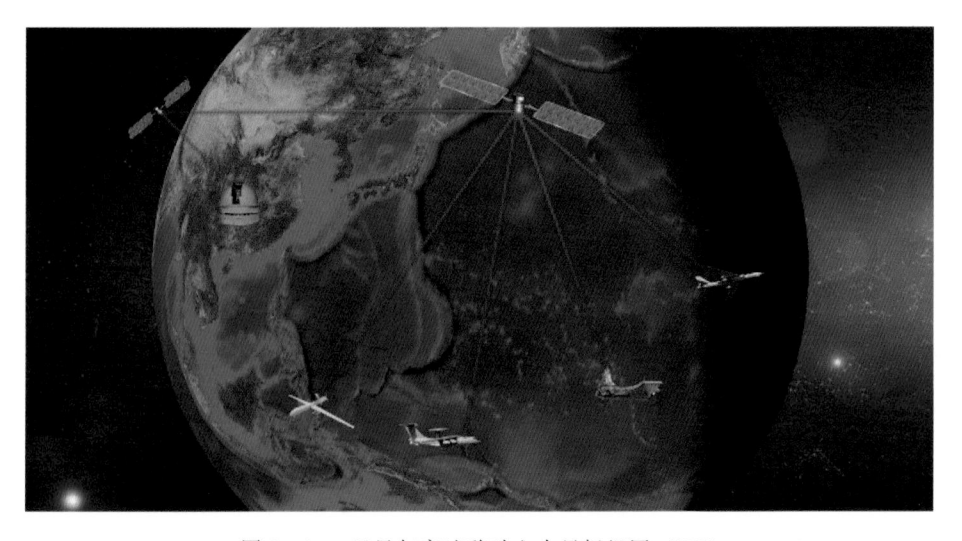

图 1-20　卫星与高速移动空中目标组网（P22）

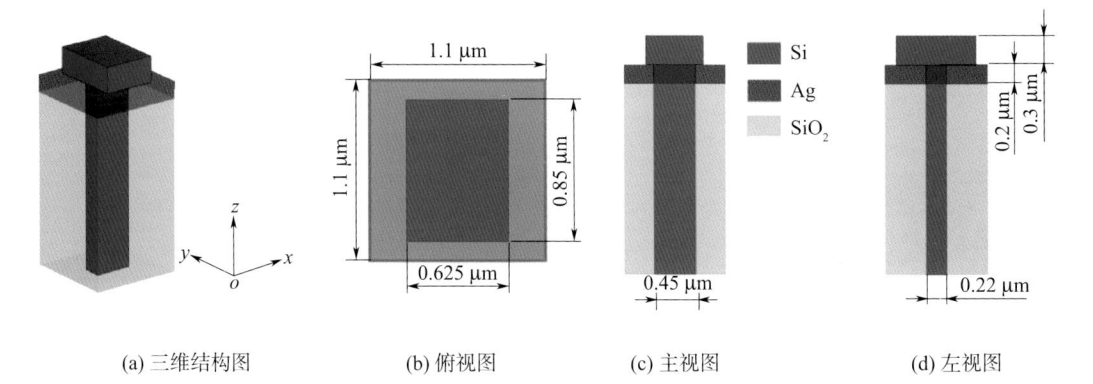

	Si
	Ag
	SiO₂

(a) 三维结构图　　　　(b) 俯视图　　　　(c) 主视图　　　　(d) 左视图

图 2-38　底部硅波导馈光的等离子体激元纳米天线单元的结构示意图（P53）

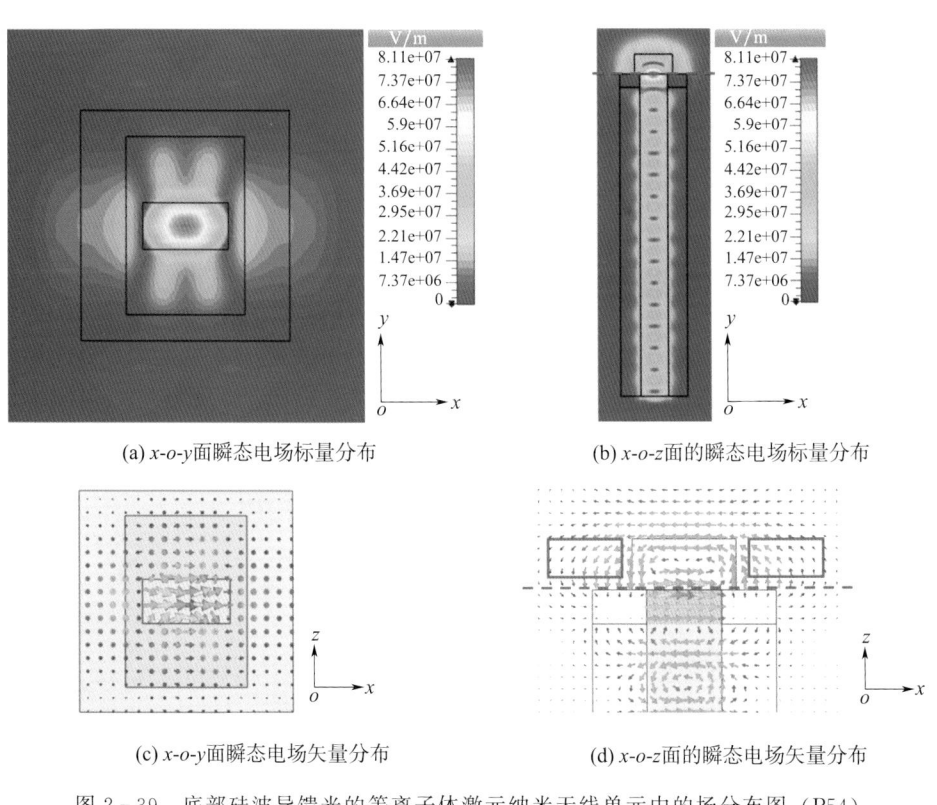

(a) x-o-y面瞬态电场标量分布　　　　(b) x-o-z面的瞬态电场标量分布

(c) x-o-y面瞬态电场矢量分布　　　　(d) x-o-z面的瞬态电场矢量分布

图 2-39　底部硅波导馈光的等离子体激元纳米天线单元中的场分布图（P54）

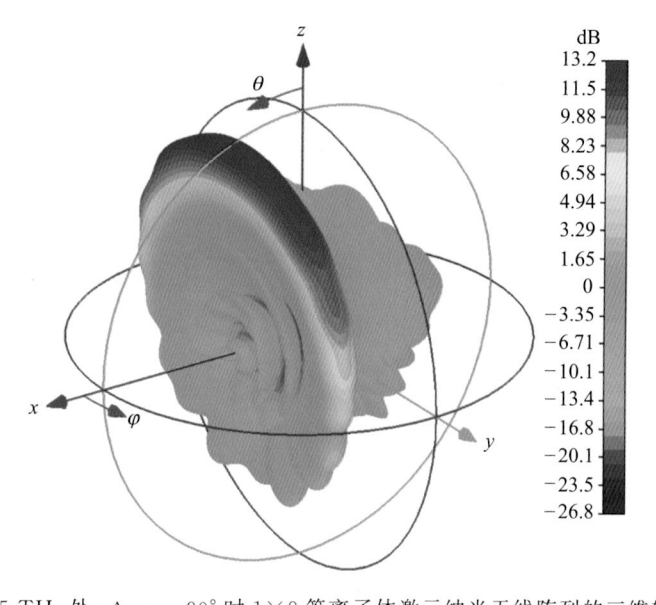

图 2-46 在 193.5 THz 处，$\Delta\varphi_x = 90°$ 时 1×8 等离子体激元纳米天线阵列的三维辐射方向图（P57）

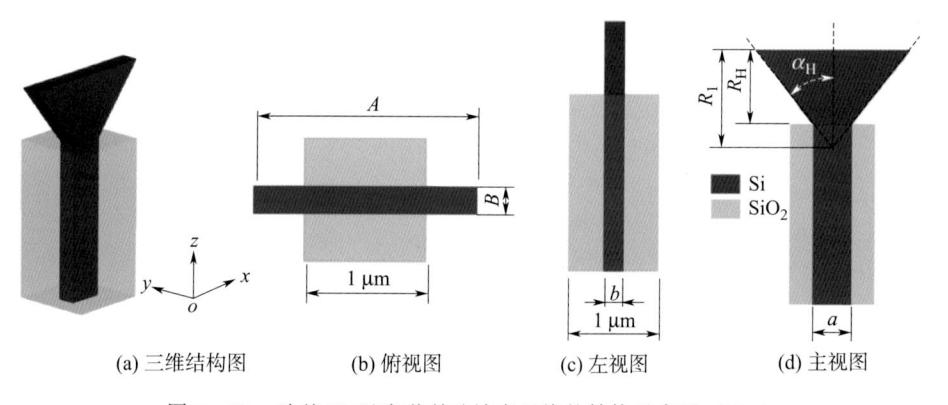

(a) 三维结构图   (b) 俯视图   (c) 左视图   (d) 主视图

图 2-51 硅基 H 面暗形喇叭纳米天线的结构示意图（P60）

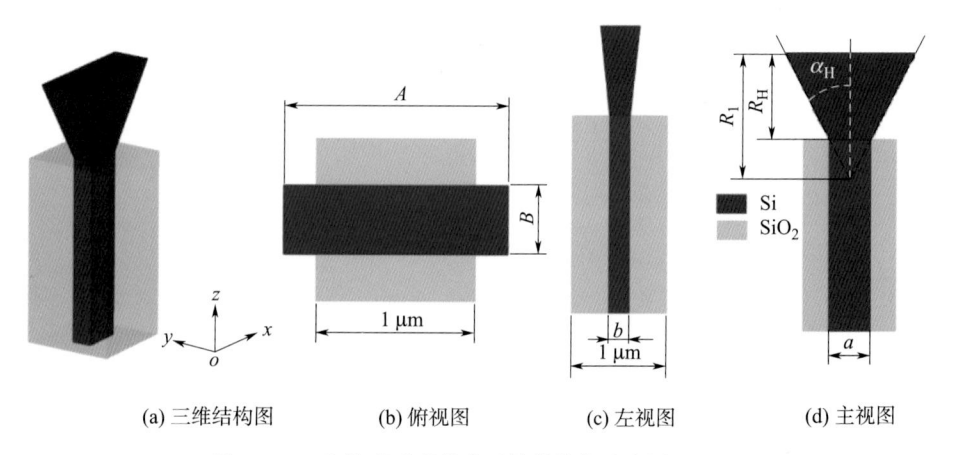

(a) 三维结构图   (b) 俯视图   (c) 左视图   (d) 主视图

图 2-54 角锥喇叭形纳米天线的结构示意图（P62）

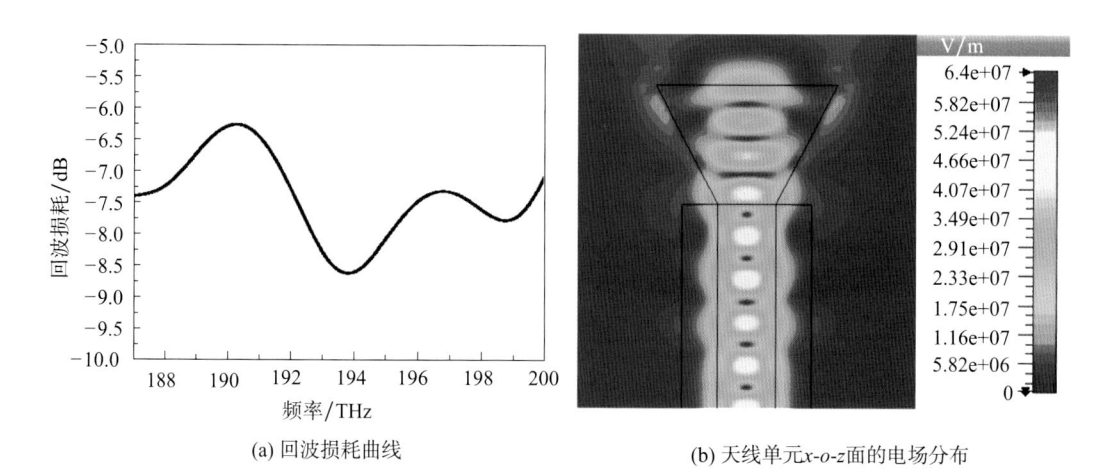

(a) 回波损耗曲线

(b) 天线单元x-o-z面的电场分布

图 2-55　角锥喇叭形纳米天线的回波损耗曲线和电场分布图 （P63）

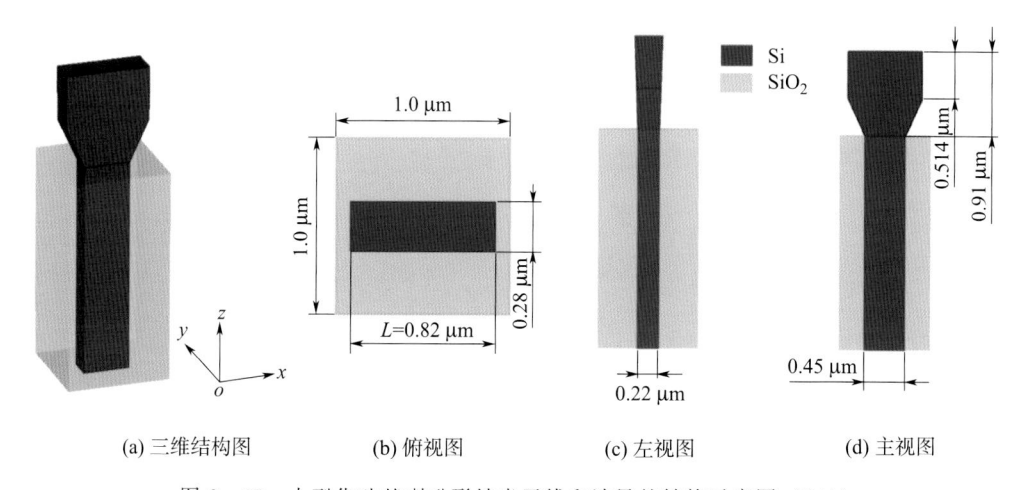

(a) 三维结构图　　　　(b) 俯视图　　　　(c) 左视图　　　　(d) 主视图

图 2-57　小型化硅基喇叭形纳米天线和波导的结构示意图 （P64）

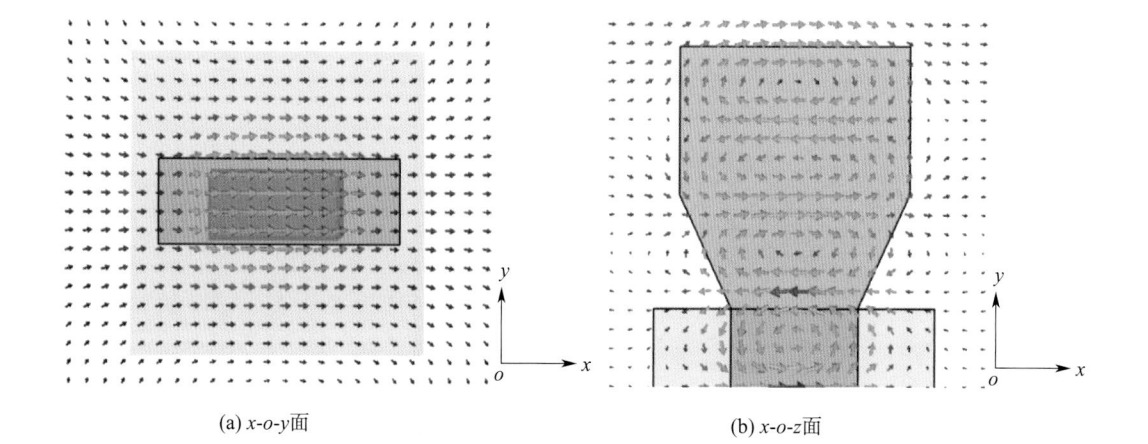

(a) x-o-y面　　　　　　　　　　(b) x-o-z面

图 2-58　小型化硅基喇叭形纳米天线在不同平面上的电场矢量分布图 （P64）

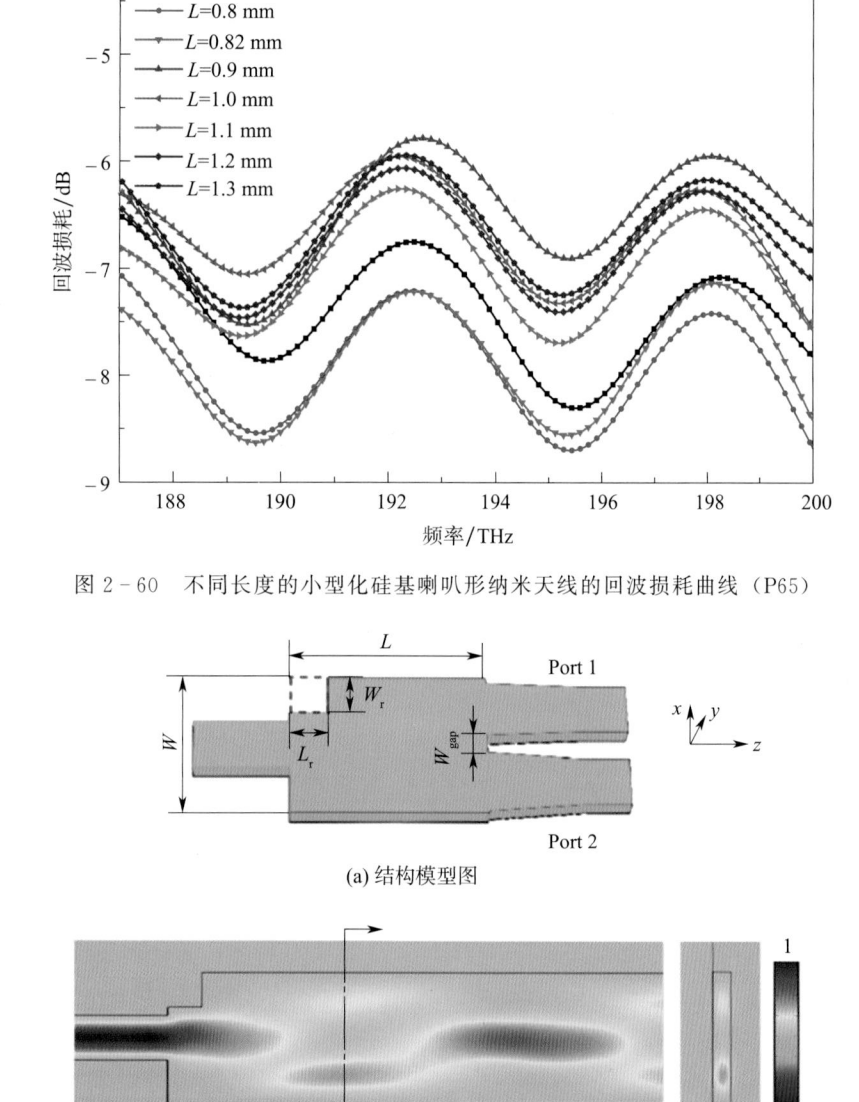

图 2-60　不同长度的小型化硅基喇叭形纳米天线的回波损耗曲线（P65）

(a) 结构模型图

(b) 能流分布图

(c) 电场分布图

图 3-1　1×2 MMI 功分器的结构、能流、电场分布图（P70）

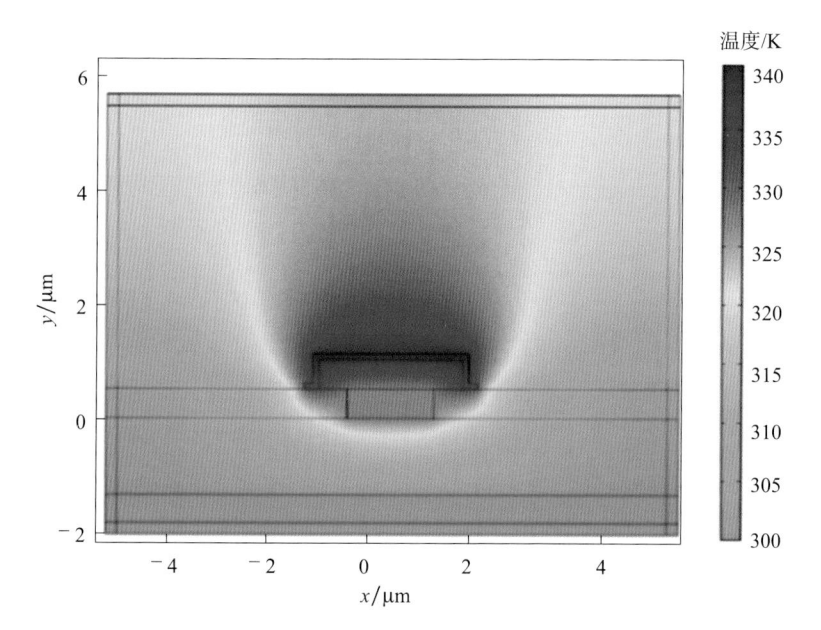

图 5-2　热光相移器的热传导仿真（P113）

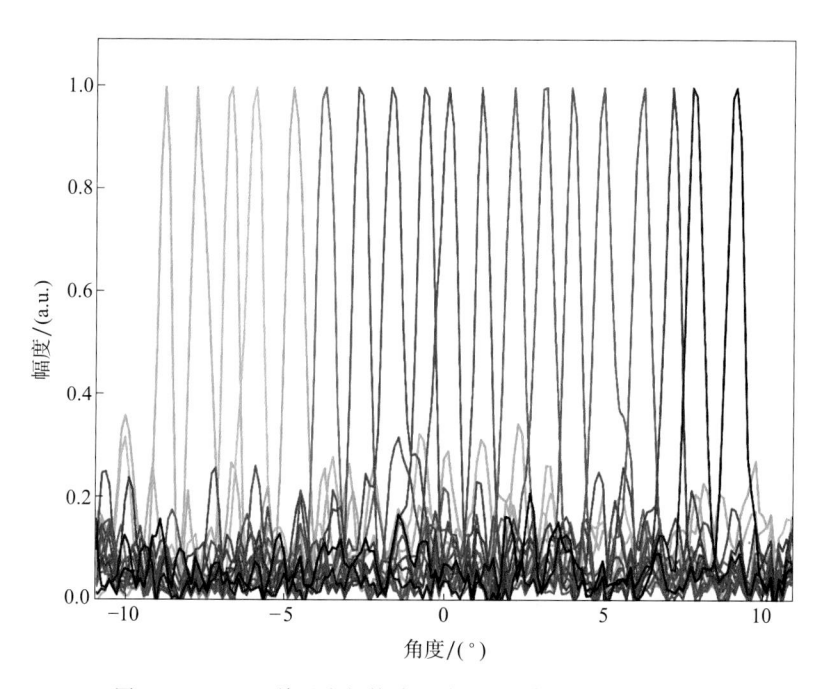

图 5-9　1×32 单元光相控阵芯片二维远场方向图（P118）

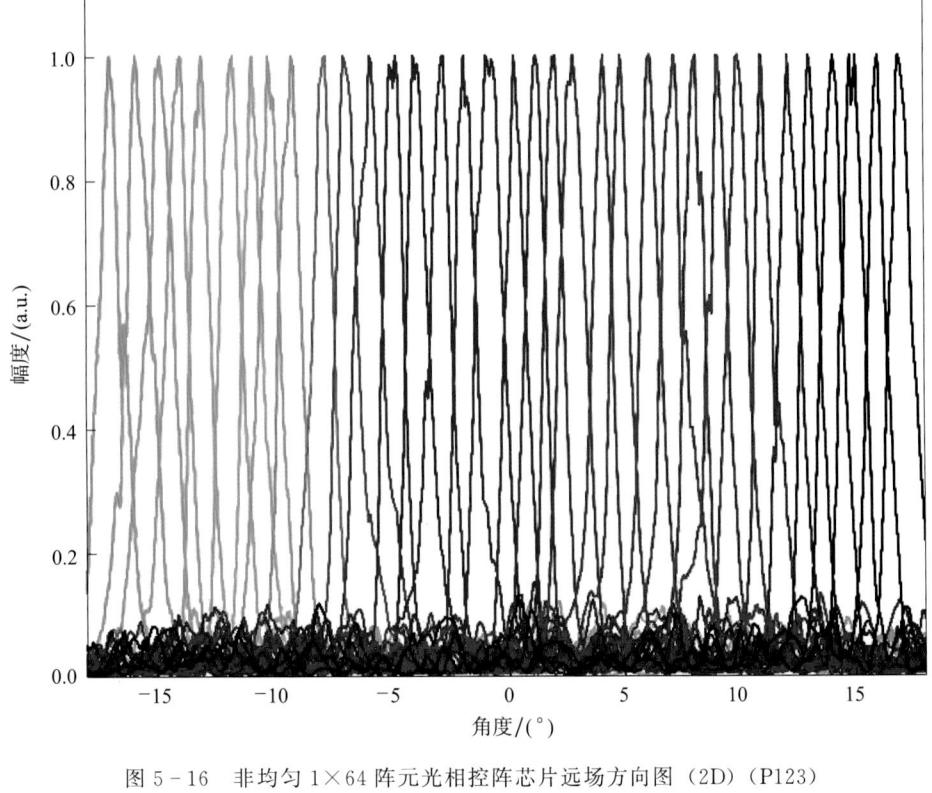

图 5 - 16　非均匀 1×64 阵元光相控阵芯片远场方向图 （2D）（P123）

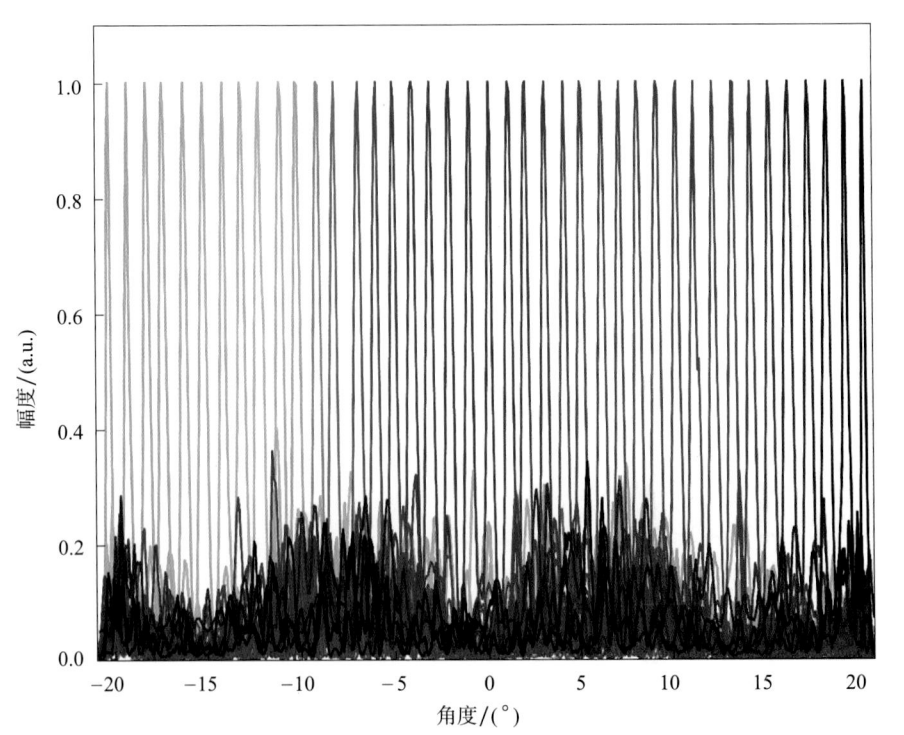

图 5 - 23　均匀 1×128 阵元硅基光相控阵芯片远场方向图 （2D）（P129）